TURING 图灵程序设计丛书

算法图解

[美] Aditya Bhargava ◎著　袁国忠 ◎译

U0267707

人民邮电出版社

北　京

图书在版编目（CIP）数据

算法图解 / （美）巴尔加瓦（Aditya Bhargava）著；
袁国忠译. -- 北京：人民邮电出版社，2017.3（2023.7重印）
（图灵程序设计丛书）
ISBN 978-7-115-44763-0

Ⅰ．①算… Ⅱ．①巴… ②袁… Ⅲ．①计算机算法—
图解 Ⅳ．①TP301.6-64

中国版本图书馆CIP数据核字(2017)第018934号

内 容 提 要

　　本书示例丰富，图文并茂，以简明易懂的方式阐释了算法，旨在帮助程序员在日常项目中更好地利用算法为软件开发助力。前三章介绍算法基础，包括二分查找、大 O 表示法、两种基本的数据结构以及递归等。余下的篇幅将主要介绍应用广泛的算法，具体内容包括：面对具体问题时的解决技巧，比如何时采用贪婪算法或动态规划；散列表的应用；图算法；K 最近邻算法。

　　本书适合所有程序员、计算机专业相关师生以及对算法感兴趣的读者。

　◆　著　　　　[美] Aditya Bhargava
　　　译　　　　袁国忠
　　　责任编辑　朱　巍
　　　执行编辑　贺子娟
　　　责任印制　彭志环
　◆　人民邮电出版社出版发行　　北京市丰台区成寿寺路11号
　　　邮编　100164　电子邮件　315@ptpress.com.cn
　　　网址　https://www.ptpress.com.cn
　　　三河市君旺印务有限公司印刷
　◆　开本：800×1000　1/16
　　　印张：12.25　　　　　　　　2017年3月第1版
　　　字数：308千字　　　　　　　2023年7月河北第41次印刷
　　　著作权合同登记号　图字：01-2016-5339号

定价：69.80元
读者服务热线：(010)84084456-6009　印装质量热线：(010)81055316
反盗版热线：(010)81055315
广告经营许可证：京东市监广登字 20170147 号

版权声明

谨以此书献给我的父母、Sangeeta和Yogesh

前　言

　　我因为爱好而踏入了编程殿堂。*Visual Basic 6 for Dummies*教会了我基础知识，接着我不断阅读，学到的知识也越来越多，但对算法却始终没搞明白。至今我还记得购买第一本算法书后的情景：我琢磨着目录，心想终于要把这些主题搞明白了。但那本书深奥难懂，看了几周后我就放弃了。直到遇到一位优秀的算法教授后，我才认识到这些概念是多么地简单而优雅。

　　几年前，我撰写了第一篇图解式博文。我是视觉型学习者，对图解式写作风格钟爱有加。从那时候起，我撰写了多篇介绍函数式编程、Git、机器学习和并发的图解式博文。顺便说一句，刚开始我的写作水平很一般。诠释技术概念很难，设计出好的示例需要时间，阐释难以理解的概念也需要时间，因此很容易对难讲的内容一带而过。我本以为自己已经做得相当好了，直到有一篇博文大受欢迎，有位同事却跑过来跟我说："我读了你的博文，但还是没搞懂。"看来在写作方面我要学习的还有很多。

　　在撰写这些博文期间，Manning出版社找到我，问我想不想编写一本图解式图书。事实证明，Manning出版社的编辑对如何诠释技术概念很在行，他们教会了我如何做。我编写本书的目的就是要把难懂的技术主题说清楚，让这本算法书易于理解。与撰写第一篇博文时相比，我的写作水平有了长足进步，但愿你也认为本书内容丰富、易于理解。

致　　谢

感谢Manning出版社给我编写本书的机会，并给予我极大的创作空间。感谢出版人Marjan Bace，感谢Mike Stephens领我入门，感谢Bert Bates教我如何写作，感谢Jennifer Stout的快速回复以及大有帮助的编辑工作。感谢Manning出版社的制作人员，他们是Kevin Sullivan、Mary Piergies、Tiffany Taylor、Leslie Haimes以及其他幕后人员。另外，还要感谢阅读手稿并提出建议的众人，他们是Karen Bensdon、Rob Green、Michael Hamrah、Ozren Harlovic、Colin Hastie、Christopher Haupt、Chuck Henderson、Pawel Kozlowski、Amit Lamba、Jean-Francois Morin、Robert Morrison、Sankar Ramanathan、Sander Rossel、Doug Sparling和Damien White。

感谢一路上向我伸出援手的人：Flaskhit游戏专区的各位教会了我如何编写代码；很多朋友帮助审阅手稿、提出建议并让我尝试不同的诠释方式，其中包括Ben Vinegar、Karl Puzon、Alex Manning、Esther Chan、Anish Bhatt、Michael Glass、Nikrad Mahdi、Charles Lee、Jared Friedman、Hema Manickavasagam、Hari Raja、Murali Gudipati、Srinivas Varadan等；Gerry Brady教会了我算法。还要深深地感谢算法方面的学者，如CLRS[①]、高德纳和Strang。我真的是站在了巨人的肩上。

感谢爸爸、妈妈、Priyanka和其他家庭成员，感谢你们一贯的支持。深深感谢妻子Maggie，我们的面前还有很多艰难险阻，有些可不像周五晚上待在家里修改手稿那么简单。

最后，感谢所有试读本书的读者，还有在论坛上提供反馈的读者，你们让本书的质量更上了一层楼。

---

① 《算法导论》四位作者的姓氏（Thomas H. Cormen、Charles E. Leiserson、Ronald L. Rivest和Clifford Stein）首字母缩写。——译者注

关于本书

本书易于理解，没有大跨度的思维跳跃，每次引入新概念时，都立即进行诠释，或者指出将在什么地方进行诠释。核心概念都通过练习和反复诠释进行强化，以便你检验假设，跟上步伐。

书中使用示例来帮助理解。我的目标是让你轻松地理解这些概念，而不是让正文充斥各种符号。我还认为，如果能够回忆起熟悉的情形，学习效果将达到最佳，而示例有助于唤醒记忆。因此，如果你要记住数组和链表（第2章）之间的差别，只要想想在电影院找座位就坐的情形。另外，不怕你说我啰嗦，我是视觉型学习者，因此本书包含大量的图示。

本书内容是精挑细选的。没必要在一本书中介绍所有的排序算法，不然还要维基百科和可汗学院做什么。书中介绍的所有算法都非常实用，对我从事的软件工程师的工作大有帮助，还可为阅读更复杂的主题打下坚实的基础。祝你阅读愉快！

路线图

本书前三章将帮助你打好基础。

- ❏ 第1章：你将学习第一种实用算法——二分查找；还将学习使用大O表示法分析算法的速度。本书从始至终都将使用大O表示法来分析算法的速度。
- ❏ 第2章：你将学习两种基本的数据结构——数组和链表。这两种数据结构贯穿本书，它们还被用来创建更高级的数据结构，如第5章介绍的散列表。
- ❏ 第3章：你将学习递归，一种被众多算法（如第4章介绍的快速排序）采用的实用技巧。

根据我的经验，大O表示法和递归对初学者来说颇具挑战性，因此介绍这些内容时我放慢了脚步，花费的篇幅也较长。

余下的篇幅将介绍应用广泛的算法。

- ❏ 问题解决技巧：将在第4、8和9章介绍。遇到问题时，如果不确定该如何高效地解决，可尝试分而治之（第4章）或动态规划（第9章）；如果认识到根本就没有高效的解决方案，可转而使用贪婪算法（第8章）来得到近似答案。
- ❏ 散列表：将在第5章介绍。散列表是一种很有用的数据结构，由键值对组成，如人名和电子邮件地址或者用户名和密码。散列表的用途之大，再怎么强调都不过分。每当我需要解决问题时，首先想到的两种方法是：可以使用散列表吗？可以使用图来建立模型吗？

❑ 图算法：将在第6、7章介绍。图是一种模拟网络的方法，这种网络包括人际关系网、公路网、神经元网络或者任何一组连接。广度优先搜索（第6章）和狄克斯特拉算法（第7章）计算网络中两点之间的最短距离，可用来计算两人之间的分隔度或前往目的地的最短路径。

❑ K最近邻算法（KNN）：将在第10章介绍。这是一种简单的机器学习算法，可用于创建推荐系统、OCR引擎、预测股价或其他值（如"我们认为Adit会给这部电影打4星"）的系统，以及对物件进行分类（如"这个字母是Q"）。

❑ 接下来如何做：第11章概述了适合你进一步学习的10种算法。

如何阅读本书

本书的内容和排列顺序都经过了细心编排。如果你对某个主题感兴趣，直接跳到那里阅读即可；否则就按顺序逐章阅读吧，因为它们都以之前介绍的内容为基础。

强烈建议你动手执行示例代码，这部分的重要性再怎么强调都不过分。可以原封不动地输入代码，也可从www.manning.com/books/grokking-algorithms或https://github.com/egonschiele/grokking_algorithms下载，再执行它们。这样，你记住的内容将多得多。

另外，建议你完成书中的练习。这些练习都很短，通常只需一两分钟就能完成，但有些可能需要5~10分钟。这些练习有助于检查你的思路，以免偏离正道太远。

读者对象

本书适合任何具备编程基础并想理解算法的人阅读。你可能面临一个编程问题，需要找一种算法来实现解决方案，抑或你想知道哪些算法比较有用。下面列出了可能从本书获得很多帮助的部分读者。

❑ 业余程序员
❑ 编程培训班学员
❑ 需要重温算法的计算机专业毕业生
❑ 对编程感兴趣的物理或数学等专业毕业生

代码约定和下载

本书所有的示例代码都是使用Python 2.7编写的。书中在列出代码时使用了等宽字体。有些代码还进行了标注，旨在突出重要的概念。

本书的示例代码可从出版社网站www.manning.com/books/grokking-algorithms下载，也可从https://github.com/egonschiele/grokking_algorithms下载。

我认为，如果能享受学习过程，就能获得最好的学习效果。请尽情地享受学习过程，动手运行示例代码吧！

作者在线

购买英文版的读者可免费访问Manning出版社管理的专用网络论坛，并可以评论本书、提出技术性问题以及获得作者和其他读者的帮助。若要访问并订阅该论坛，可在浏览器的地址栏中输入www.manning.com/books/grokking-algorithms。这个网页会告诉你注册后如何进入论坛、可获得哪些帮助以及讨论时应遵守的规则。

Manning出版社致力于为读者和作者提供能够深入交流的场所。然而，作者参与论坛讨论纯属自愿，没有任何报酬，因此Manning出版社对其参与讨论的程度不做任何承诺。建议你向作者提些有挑战性的问题，以免他失去参与讨论的兴趣！只要本书还在销售，你就能通过出版社的网站访问作者在线论坛以及存档的讨论内容。

目　　录

第 1 章

算法简介

本章内容

❑ 为阅读后续内容打下基础。

❑ 编写第一种查找算法——二分查找。

❑ 学习如何谈论算法的运行时间——大O表示法。

❑ 了解一种常用的算法设计方法——递归。

1.1 引言

算法是一组完成任务的指令。任何代码片段都可视为算法，但本书只介绍比较有趣的部分。本书介绍的算法要么速度快，要么能解决有趣的问题，要么兼而有之。下面是书中一些重要内容。

❑ 第1章讨论二分查找，并演示算法如何能够提高代码的速度。在一个示例中，算法将需要执行的步骤从40亿个减少到了32个!

❑ GPS设备使用图算法来计算前往目的地的最短路径，这将在第6、7和8章介绍。

❑ 你可使用动态规划来编写下国际跳棋的AI算法，这将在第9章讨论。

对于每种算法，本书都将首先进行描述并提供示例，再使用大O表示法讨论其运行时间，最后探索它可以解决的其他问题。

1.1.1 性能方面

好消息是，本书介绍的每种算法都很可能有使用你喜欢的语言编写的实现，因此你无需自己动手编写每种算法的代码! 但如果你不明白其优缺点，这些实现将毫无用处。在本书中，你将学习比较不同算法的优缺点：该使用合并排序算法还是快速排序算法，或者该使用数组还是链表。仅仅改用不同的数据结构就可能让结果大不相同。

1.1.2   问题解决技巧

你将学习至今都没有掌握的问题解决技巧，例如：

❑ 如果你喜欢开发电子游戏，可使用图算法编写跟踪用户的AI系统；

❑ 你将学习使用K最近邻算法编写推荐系统；

❑ 有些问题在有限的时间内是不可解的！书中讨论NP完全问题的部分将告诉你，如何识别这样的问题以及如何设计找到近似答案的算法。

总而言之，读完本书后，你将熟悉一些使用最为广泛的算法。利用这些新学到的知识，你可学习更具体的AI算法、数据库算法等，还可在工作中迎接更严峻的挑战。

需要具备的知识

要阅读本书，需要具备基本的代数知识。具体地说，给定函数$f(x) = x \times 2$，$f(5)$的值是多少呢？如果你的答案为10，那就够了。

另外，如果你熟悉一门编程语言，本章（以及本书）将更容易理解。本书的示例都是使用Python编写的。如果你不懂任何编程语言但想学习一门，请选择Python，它非常适合初学者；如果你熟悉其他语言，如Ruby，对阅读本书也大有帮助。

1.2   二分查找

假设要在电话簿中找一个名字以K打头的人，（现在谁还用电话簿！）可以从头开始翻页，直到进入以K打头的部分。但你很可能不这样做，而是从中间开始，因为你知道以K打头的名字在电话簿中间。

又假设要在字典中找一个以O打头的单词，你也将从中间附近开始。

现在假设你登录Facebook。当你这样做时，Facebook必须核实你是否有其网站的账户，因此必须在其数据库中查找你的用户名。如果你的用户名为karlmageddon，Facebook可从以A打头的部分开始查找，但更合乎逻辑的做法是从中间开始查找。

这是一个查找问题，在前述所有情况下，都可使用同一种算法来解决问题，这种算法就是二分查找。

　　二分查找是一种算法，其输入是一个有序的元素列表（必须有序的原因稍后解释）。如果要查找的元素包含在列表中，二分查找返回其位置；否则返回null。

　　下图是一个例子。

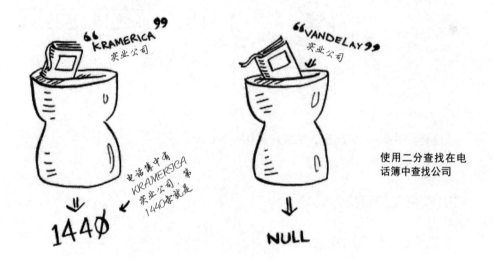

使用二分查找在电话簿中查找公司

　　下面的示例说明了二分查找的工作原理。我随便想一个1～100的数字。

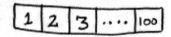

　　你的目标是以最少的次数猜到这个数字。你每次猜测后，我会说小了、大了或对了。

　　假设你从1开始依次往上猜，猜测过程会是这样。

一种糟糕的猜数法

这是简单查找, 更准确的说法是傻找。每次猜测都只能排除一个数字。如果我想的数字是99, 你得猜99次才能猜到!

1.2.1   更佳的查找方式

下面是一种更佳的猜法。从 50 开始。

小了, 但排除了一半的数字! 至此, 你知道1~50都小了。接下来, 你猜75。

大了，那余下的数字又排除了一半！使用二分查找时，你猜测的是中间的数字，从而每次都将余下的数字排除一半。接下来，你猜63（50和75中间的数字）。

这就是二分查找，你学习了第一种算法！每次猜测排除的数字个数如下。

100个元素 → 5Ø → 25 → 13 → 7 → 4 → 2 → 1

7步

使用二分查找时，每次都排除一半的数字

不管我心里想的是哪个数字，你在7次之内都能猜到，因为每次猜测都将排除很多数字！

简单查找：＿＿步

二分查找：＿＿步

假设你要在字典中查找一个单词，而该字典包含240 000个单词，你认为每种查找最多需要多少步？

如果要查找的单词位于字典末尾，使用简单查找将需要240 000步。使用二分查找时，每次排除一半单词，直到最后只剩下一个单词。

24ØK → 12ØK → 6ØK → 3ØK → 15K → 7.5K → 375Ø

59 ← 118 ← 235 ← 469 ← 938 ← 1875

3Ø → 15 → 8 → 4 → 2 → 1

18步

因此，使用二分查找只需18步——少多了！一般而言，对于包含n个元素的列表，用二分查找最多需要$\log_2 n$步，而简单查找最多需要n步。

对　数

你可能不记得什么是对数了，但很可能记得什么是幂。$\log_{10}100$相当于问"将多少个10相乘的结果为100"。答案是两个：$10 \times 10 = 100$。因此，$\log_{10}100 = 2$。对数运算是幂运算的逆运算。

$$10^2 = 100 \quad \leftrightarrow \quad \log_{10}100 = 2$$

$$10^3 = 1000 \quad \leftrightarrow \quad \log_{10}1000 = 3$$

$$2^3 = 8 \quad \leftrightarrow \quad \log_2 8 = 3$$

$$2^4 = 16 \quad \leftrightarrow \quad \log_2 16 = 4$$

$$2^5 = 32 \quad \leftrightarrow \quad \log_2 32 = 5$$

对数是幂运算的逆运算

本书使用大O表示法（稍后介绍）讨论运行时间时，log指的都是$\log_2$。使用简单查找法查找元素时，在最糟情况下需要查看每个元素。因此，如果列表包含8个数字，你最多需要检查8个数字。而使用二分查找时，最多需要检查$\log n$个元素。如果列表包含8个元素，你最多需要检查3个元素，因为$\log 8 = 3$（$2^3 = 8$）。如果列表包含1024个元素，你最多需要检查10个元素，因为$\log 1024 = 10$（$2^{10} = 1024$）。

说　明

本书经常会谈到log时间，因此你必须明白对数的概念。如果你不明白，可汗学院（khanacademy.org）有一个不错的视频，把这个概念讲得很清楚。

说　明

仅当列表是有序的时候，二分查找才管用。例如，电话簿中的名字是按字母顺序排列的，因此可以使用二分查找来查找名字。如果名字不是按顺序排列的，结果将如何呢？

下面来看看如何编写执行二分查找的Python代码。这里的代码示例使用了数组。如果你不熟悉数组，也不用担心，下一章就会介绍。你只需知道，可将一系列元素存储在一系列相邻的桶

（bucket），即数组中。这些桶从0开始编号：第一个桶的位置为#0，第二个桶为#1，第三个桶为#2，以此类推。

　　函数binary_search接受一个有序数组和一个元素。如果指定的元素包含在数组中，这个函数将返回其位置。你将跟踪要在其中查找的数组部分——开始时为整个数组。

```
low = 0
high = len(list) - 1
```

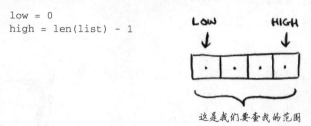

这是我们要查找的范围

你每次都检查中间的元素。

```
mid = (low + high)/2
guess = list[mid]
```
如果(low + high)不是偶数，Python自动将mid向下取整。

如果猜的数字小了，就相应地修改low。

```
if guess < item:
  low = mid + 1
```

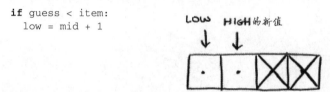

如果猜的数字大了，就修改high。完整的代码如下。

```
def binary_search(list, item):
  low = 0
  high = len(list)−1

  while low <= high:
    mid = (low + high)/2
    guess = list[mid]
    if guess == item:
      return mid
    if guess > item:
      high = mid - 1
    else:
      low = mid + 1
  return None

my_list = [1, 3, 5, 7, 9]

print binary_search(my_list, 3) # => 1
print binary_search(my_list, -1) # => None
```

low和high用于跟踪要在其中查找的列表部分

只要范围没有缩小到只包含一个元素，就检查中间的元素

找到了元素

猜的数字大了

猜的数字小了

没有指定的元素

来测试一下！

别忘了索引从0开始，第二个位置的索引为1

在Python中，None表示空，它意味着没有找到指定的元素

练习

1.1   假设有一个包含128个名字的有序列表，你要使用二分查找在其中查找一个名字，请问最多需要几步才能找到？

1.2   上面列表的长度翻倍后，最多需要几步？

1.2.2   运行时间

每次介绍算法时，我都将讨论其运行时间。一般而言，应选择效率最高的算法，以最大限度地减少运行时间或占用空间。

回到前面的二分查找。使用它可节省多少时间呢？简单查找逐个地检查数字，如果列表包含100个数字，最多需要猜100次。如果列表包含40亿个数字，最多需要猜40亿次。换言之，最多需要猜测的次数与列表长度相同，这被称为线性时间（linear time）。

二分查找则不同。如果列表包含100个元素，最多要猜7次；如果列表包含40亿个数字，最多需猜32次。厉害吧？二分查找的运行时间为对数时间（或log时间）。下表总结了我们发现的情况。

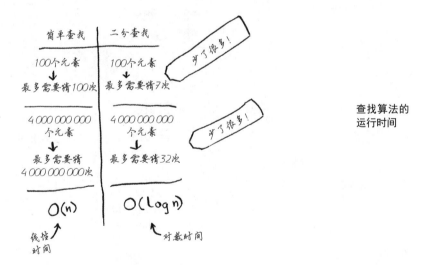

查找算法的
运行时间

1.3   大 O 表示法

大O表示法是一种特殊的表示法，指出了算法的速度有多快。谁在乎呢？实际上，你经常要使用别人编写的算法，在这种情况下，知道这些算法的速度大有裨益。本节将介绍大O表示法是什么，并使用它列出一些最常见的算法运行时间。

1

1.3.1　算法的运行时间以不同的速度增加

Bob要为NASA编写一个查找算法，这个算法在火箭即将登陆月球前开始执行，帮助计算着陆地点。

这个示例表明，两种算法的运行时间呈现不同的增速。Bob需要做出决定，是使用简单查找还是二分查找。使用的算法必须快速而准确。一方面，二分查找的速度更快。Bob必须在10秒钟内找出着陆地点，否则火箭将偏离方向。另一方面，简单查找算法编写起来更容易，因此出现bug的可能性更小。Bob可不希望引导火箭着陆的代码中有bug！为确保万无一失，Bob决定计算两种算法在列表包含100个元素的情况下需要的时间。

假设检查一个元素需要1毫秒。使用简单查找时，Bob必须检查100个元素，因此需要100毫秒才能查找完毕。而使用二分查找时，只需检查7个元素（$\log_2 100$大约为7），因此需要7毫秒就能查找完毕。然而，实际要查找的列表可能包含10亿个元素，在这种情况下，简单查找需要多长时间呢？二分查找又需要多长时间呢？请务必找出这两个问题的答案，再接着往下读。

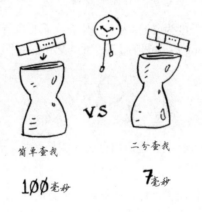

列表包含100个元素时，简单查找和二分查找的运行时间

Bob使用包含10亿个元素的列表运行二分查找，运行时间为30毫秒（$\log_2 1\,000\,000\,000$大约为30）。他心里想，二分查找的速度大约为简单查找的15倍，因为列表包含100个元素时，简单查找需要100毫秒，而二分查找需要7毫秒。因此，列表包含10亿个元素时，简单查找需要$30 \times 15 = 450$毫秒，完全符合在10秒内查找完毕的要求。Bob决定使用简单查找。这是正确的选择吗？

不是。实际上，Bob错了，而且错得离谱。列表包含10亿个元素时，简单查找需要10亿毫秒，相当于11天！为什么会这样呢？因为二分查找和简单查找的运行时间的增速不同。

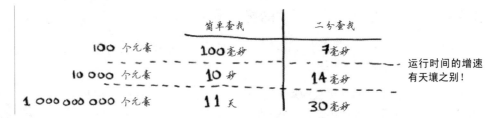

运行时间的增速
有天壤之别!

也就是说,随着元素数量的增加,二分查找需要的额外时间并不多,而简单查找需要的额外时间却很多。因此,随着列表的增长,二分查找的速度比简单查找快得多。Bob以为二分查找速度为简单查找的15倍,这不对:列表包含10亿个元素时,为3300万倍。有鉴于此,仅知道算法需要多长时间才能运行完毕还不够,还需知道运行时间如何随列表增长而增加。这正是大O表示法的用武之地。

大O表示法指出了算法有多快。例如,假设列表包含n个元素。简单查找需要检查每个元素,因此需要执行n次操作。使用大O表示法,这个运行时间为$O(n)$。单位秒呢? 没有——大O表示法指的并非以秒为单位的速度。大O表示法让你能够比较操作数,它指出了算法运行时间的增速。

再来看一个例子。为检查长度为n的列表,二分查找需要执行$\log n$次操作。使用大O表示法,这个运行时间怎么表示呢? $O(\log n)$。一般而言,大O表示法像下面这样。

"大O"   操作数

大O表示法是什么
样子

这指出了算法需要执行的操作数。之所以称为大O表示法,是因为操作数前有个大O。这听起来像笑话,但事实如此!

下面来看一些例子,看看你能否确定这些算法的运行时间。

1.3.2   理解不同的大 O 运行时间

下面的示例,你在家里使用纸和笔就能完成。假设你要画一个网格,它包含16个格子。

要绘制这样的网格,
有什么好的算法吗?

算法1

一种方法是以每次画一个的方式画16个格子。记住，大O表示法计算的是操作数。在这个示例中，画一个格子是一次操作，需要画16个格子。如果每次画一个格子，需要执行多少次操作呢？

每次画一个格子

画16个格子需要16步。这种算法的运行时间是多少？

算法2

请尝试这种算法——将纸折起来。

在这个示例中，将纸对折一次就是一次操作。第一次对折相当于画了两个格子！

再折，再折，再折。

折4次后再打开，便得到了漂亮的网格！每折一次，格子数就翻倍，折4次就能得到16个格子！

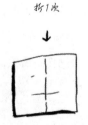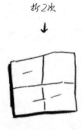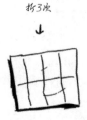

折4次就可得到
所需的网格

你每折一次，绘制出的格子数都翻倍，因此4步就能"绘制"出16个格子。这种算法的运行时间是多少呢？请搞清楚这两种算法的运行时间之后，再接着往下读。

答案如下：算法1的运行时间为$O(n)$，算法2的运行时间为$O(\log n)$。

1.3.3 大 O 表示法指出了最糟情况下的运行时间

假设你使用简单查找在电话簿中找人。你知道，简单查找的运行时间为$O(n)$，这意味着在最糟情况下，必须查看电话簿中的每个条目。如果要查找的是Adit——电话簿中的第一个人，一次就能找到，无需查看每个条目。考虑到一次就找到了Adit，请问这种算法的运行时间是$O(n)$还是$O(1)$呢？

简单查找的运行时间总是为$O(n)$。查找Adit时，一次就找到了，这是最佳的情形，但大O表示法说的是最糟的情形。因此，你可以说，在最糟情况下，必须查看电话簿中的每个条目，对应的运行时间为$O(n)$。这是一个保证——你知道简单查找的运行时间不可能超过$O(n)$。

说　明

除最糟情况下的运行时间外，还应考虑平均情况的运行时间，这很重要。最糟情况和平均情况将在第4章讨论。

1.3.4 一些常见的大 O 运行时间

下面按从快到慢的顺序列出了你经常会遇到的5种大O运行时间。

❑ $O(\log n)$，也叫对数时间，这样的算法包括二分查找。
❑ $O(n)$，也叫线性时间，这样的算法包括简单查找。
❑ $O(n * \log n)$，这样的算法包括第4章将介绍的快速排序——一种速度较快的排序算法。
❑ $O(n^2)$，这样的算法包括第2章将介绍的选择排序——一种速度较慢的排序算法。
❑ $O(n!)$，这样的算法包括接下来将介绍的旅行商问题的解决方案——一种非常慢的算法。

假设你要绘制一个包含16格的网格，且有5种不同的算法可供选择，这些算法的运行时间如上所示。如果你选择第一种算法，绘制该网格所需的操作数将为4（log 16 = 4）。假设你每秒可执行10次操作，那么绘制该网格需要0.4秒。如果要绘制一个包含1024格的网格呢？这需要执行10（log 1024 = 10）次操作，换言之，绘制这样的网格需要1秒。这是使用第一种算法的情况。

第二种算法更慢，其运行时间为$O(n)$。即要绘制16个格子，需要执行16次操作；要绘制1024个格子，需要执行1024次操作。执行这些操作需要多少秒呢？

下面按从快到慢的顺序列出了使用这些算法绘制网格所需的时间：

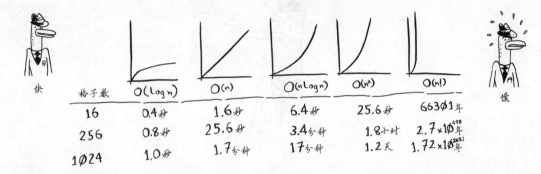

还有其他的运行时间，但这5种是最常见的。

这里做了简化，实际上，并不能如此干净利索地将大O运行时间转换为操作数，但就目前而言，这种准确度足够了。等你学习其他一些算法后，第4章将回过头来再次讨论大O表示法。当前，我们获得的主要启示如下。

- 算法的速度指的并非时间，而是操作数的增速。
- 谈论算法的速度时，我们说的是随着输入的增加，其运行时间将以什么样的速度增加。
- 算法的运行时间用大O表示法表示。
- $O(\log n)$比$O(n)$快，当需要搜索的元素越多时，前者比后者快得越多。

练习

使用大O表示法给出下述各种情形的运行时间。

1.3 在电话簿中根据名字查找电话号码。

1.4 在电话簿中根据电话号码找人。（提示：你必须查找整个电话簿。）

1.5 阅读电话簿中每个人的电话号码。

1.6 阅读电话簿中姓名以A打头的人的电话号码。这个问题比较棘手，它涉及第4章的概念。答案可能让你感到惊讶！

1.3.5 旅行商

阅读前一节时，你可能认为根本就没有运行时间为$O(n!)$的算法。让我来证明你错了！下面就是一个运行时间极长的算法。这个算法要解决的是计算机科学领域非常著名的旅行商问题，其计算时间增加得非常快，而有些非常聪明的人都认为没有改进空间。

有一位旅行商。

他需要前往5个城市。

这位旅行商（姑且称之为Opus吧）要前往这5个城市，同时要确保旅程最短。为此，可考虑前往这些城市的各种可能顺序。

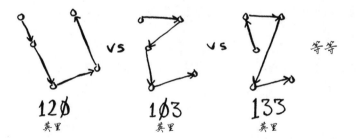

对于每种顺序，他都计算总旅程，再挑选出旅程最短的路线。5个城市有120种不同的排列方式。因此，在涉及5个城市时，解决这个问题需要执行120次操作。涉及6个城市时，需要执行720次操作（有720种不同的排列方式）。涉及7个城市时，需要执行5040次操作！

城市数	操作数
6	720
7	5040
8	40320
...	...
15	1,307,674,368,000
...	...
30	265,252,859,812,191,058,636,308,480,000,000

操作数激增

推而广之，涉及 n 个城市时，需要执行 $n!$（n 的阶乘）次操作才能计算出结果。因此运行时间为 $O(n!)$，即阶乘时间。除非涉及的城市数很少，否则需要执行非常多的操作。如果涉及的城市数超过100，根本就不能在合理的时间内计算出结果——等你计算出结果，太阳都没了。

这种算法很糟糕！Opus应使用别的算法，可他别无选择。这是计算机科学领域待解的问题之一。对于这个问题，目前还没有找到更快的算法，有些很聪明的人认为这个问题根本就没有更巧妙的算法。面对这个问题，我们能做的只是去找出近似答案，更详细的信息请参阅第10章。

最后需要指出的一点是，高水平的读者可研究一下二叉树，这在最后一章做了简要的介绍。

1.4 小结

❏ 二分查找的速度比简单查找快得多。
❏ $O(\log n)$ 比 $O(n)$ 快。需要搜索的元素越多，前者比后者就快得越多。
❏ 算法运行时间并不以秒为单位。
❏ 算法运行时间是从其增速的角度度量的。
❏ 算法运行时间用大O表示法表示。

第 2 章

选择排序

本章内容

❑ 学习两种最基本的数据结构——数组和链表，它们无处不在。第1章使用了数组，其他各章几乎也都将用到数组。数组是个重要的主题，一定要高度重视！但在有些情况下，使用链表比使用数组更合适。本章阐述数组和链表的优缺点，让你能够根据要实现的算法选择合适的一个。

❑ 学习第一种排序算法。很多算法仅在数据经过排序后才管用。还记得二分查找吗？它只能用于有序元素列表。本章将介绍选择排序。很多语言都内置了排序算法，因此你基本上不用从头开始编写自己的版本。但选择排序是下一章将介绍的快速排序的基石。快速排序是一种重要的算法，如果你熟悉其他排序算法，理解起来将更容易。

需要具备的知识

要明白本章的性能分析部分，必须知道大O表示法和对数。如果你不懂，建议回过头去阅读第1章。本书余下的篇幅都会用到大O表示法。

2.1 内存的工作原理

假设你去看演出，需要将东西寄存。寄存处有一个柜子，柜子有很多抽屉。

每个抽屉可放一样东西，你有两样东西要寄存，因此要了两个抽屉。

你将两样东西存放在这里。

现在你可以去看演出了！这大致就是计算机内存的工作原理。计算机就像是很多抽屉的集合体，每个抽屉都有地址。

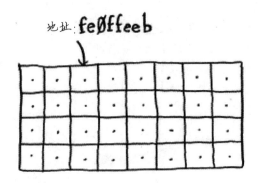

fe0ffeeb是一个内存单元的地址。

需要将数据存储到内存时，你请求计算机提供存储空间，计算机给你一个存储地址。需要存储多项数据时，有两种基本方式——数组和链表。但它们并非都适用于所有的情形，因此知道它们的差别很重要。接下来介绍数组和链表以及它们的优缺点。

2.2　数组和链表

有时候，需要在内存中存储一系列元素。假设你要编写一个管理待办事项的应用程序，为此需要将这些待办事项存储在内存中。

应使用数组还是链表呢？鉴于数组更容易掌握，我们先将待办事项存储在数组中。使用数组意味着所有待办事项在内存中都是相连的（紧靠在一起的）。

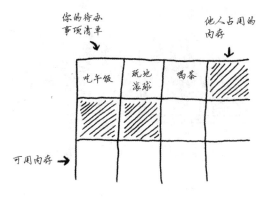

现在假设你要添加第四个待办事项，但后面的那个抽屉放着别人的东西！

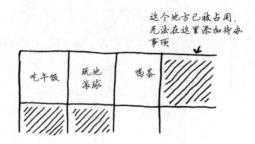

这就像你与朋友去看电影，找到地方就坐后又来了一位朋友，但原来坐的地方没有空位置，只得再找一个可坐下所有人的地方。在这种情况下，你需要请求计算机重新分配一块可容纳4个待办事项的内存，再将所有待办事项都移到那里。

如果又来了一位朋友，而当前坐的地方也没有空位，你们就得再次转移！真是太麻烦了。同样，在数组中添加新元素也可能很麻烦。如果没有了空间，就得移到内存的其他地方，因此添加新元素的速度会很慢。一种解决之道是"预留座位"：即便当前只有3个待办事项，也请计算机提供10个位置，以防需要添加待办事项。这样，只要待办事项不超过10个，就无需转移。这是一个不错的权变措施，但你应该明白，它存在如下两个缺点。

❑ 你额外请求的位置可能根本用不上，这将浪费内存。你没有使用，别人也用不了。
❑ 待办事项超过10个后，你还得转移。

因此，这种权宜措施虽然不错，但绝非完美的解决方案。对于这种问题，可使用链表来解决。

2.2.1　链表

链表中的元素可存储在内存的任何地方。

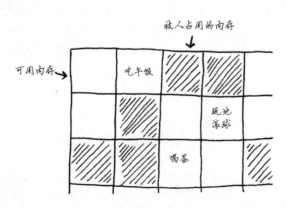

链表的每个元素都存储了下一个元素的地址，从而使一系列随机的内存地址串在一起。

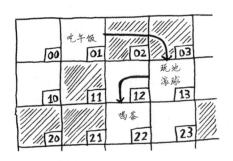

串在一起的内存地址

这犹如寻宝游戏。你前往第一个地址，那里有一张纸条写着"下一个元素的地址为123"。因此，你前往地址123，那里又有一张纸条，写着"下一个元素的地址为847"，以此类推。在链表中添加元素很容易：只需将其放入内存，并将其地址存储到前一个元素中。

使用链表时，根本就不需要移动元素。这还可避免另一个问题。假设你与五位朋友去看一部很火的电影。你们六人想坐在一起，但看电影的人较多，没有六个在一起的座位。使用数组时有时就会遇到这样的情况。假设你要为数组分配10 000个位置，内存中有10 000个位置，但不都靠在一起。在这种情况下，你将无法为该数组分配内存！链表相当于说"我们分开来坐"，因此，只要有足够的内存空间，就能为链表分配内存。

链表的优势在插入元素方面，那数组的优势又是什么呢？

2.2.2　数组

排行榜网站使用卑鄙的手段来增加页面浏览量。它们不在一个页面中显示整个排行榜，而将排行榜的每项内容都放在一个页面中，并让你单击Next来查看下一项内容。例如，显示十大电视反派时，不在一个页面中显示整个排行榜，而是先显示第十大反派（Newman）。你必须在每个页面中单击Next，才能看到第一大反派（Gustavo Fring）。这让网站能够在10个页面中显示广告，但用户需要单击Next 九次才能看到第一个，真的是很烦。

如果整个排行榜都显示在一个页面中，将方便得多。这样，用户可单击排行榜中的人名来获得更详细的信息。

链表存在类似的问题。在需要读取链表的最后一个元素时，你不能直接读取，因为你不知道它所处的地址，必须先访问元素#1，从中获取元素#2的地址，再访问元素#2并从中获取元素#3的地址，以此类推，直到访问最后一个元素。需要同时读取所有元素时，链表的效率很高：你读取第一个元素，根据其中的地址再读取第二个元素，以此类推。但如果你需要跳跃，链表的效率真的很低。

数组与此不同：你知道其中每个元素的地址。例如，假设有一个数组，它包含五个元素，起始地址为00，那么元素#5的地址是多少呢？

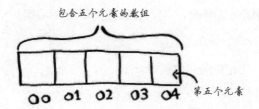

只需执行简单的数学运算就知道：04。需要随机地读取元素时，数组的效率很高，因为可迅速找到数组的任何元素。在链表中，元素并非靠在一起的，你无法迅速计算出第五个元素的内存地址，而必须先访问第一个元素以获取第二个元素的地址，再访问第二个元素以获取第三个元素的地址，以此类推，直到访问第五个元素。

2.2.3 术语

数组的元素带编号，编号从0而不是1开始。例如，在下面的数组中，元素20的位置为1。

而元素10的位置为0。这通常会让新手晕头转向。从0开始让基于数组的代码编写起来更容易，因此程序员始终坚持这样做。几乎所有的编程语言都从0开始对数组元素进行编号。你很快就会习惯这种做法。

元素的位置称为索引。因此，不说"元素20的位置为1"，而说"元素20位于索引1处"。本书将使用索引来表示位置。

下面列出了常见的数组和链表操作的运行时间。

	数组	链表
读取	O(1)	O(n)
插入	O(n)	O(1)

O(n) = 线性时间
O(1) = 常量时间

问题：在数组中插入元素时，为何运行时间为$O(n)$呢？假设要在数组开头插入一个元素，你将如何做？这需要多长时间？请阅读下一节，找出这些问题的答案！

练习

2.1   假设你要编写一个记账的应用程序。

> *1. 买杂货*
>
> *2. 看电影*
>
> *3. SFBC会费*

你每天都将所有的支出记录下来，并在月底统计支出，算算当月花了多少钱。因此，你执行的插入操作很多，但读取操作很少。该使用数组还是链表呢？

2.2.4   在中间插入

假设你要让待办事项按日期排列。之前，你在清单末尾添加了待办事项。

但现在你要根据新增待办事项的日期将其插入到正确的位置。

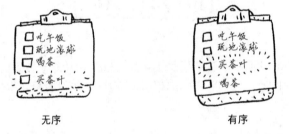

无序   有序

需要在中间插入元素时，数组和链表哪个更好呢？使用链表时，插入元素很简单，只需修改它前面的那个元素指向的地址。

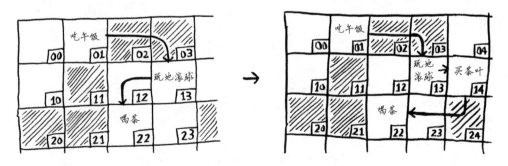

而使用数组时，则必须将后面的元素都向后移。

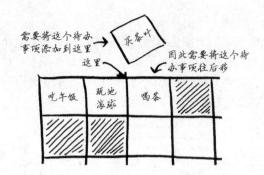

如果没有足够的空间,可能还得将整个数组复制到其他地方!因此,当需要在中间插入元素时,链表是更好的选择。

2.2.5 删除

如果你要删除元素呢?链表也是更好的选择,因为只需修改前一个元素指向的地址即可。而使用数组时,删除元素后,必须将后面的元素都向前移。

不同于插入,删除元素总能成功。如果内存中没有足够的空间,插入操作可能失败,但在任何情况下都能够将元素删除。

下面是常见数组和链表操作的运行时间。

	数组	链表
读取	$O(1)$	$O(n)$
插入	$O(n)$	$O(1)$
删除	$O(n)$	$O(1)$

需要指出的是,仅当能够立即访问要删除的元素时,删除操作的运行时间才为 $O(1)$。通常我们都记录了链表的第一个元素和最后一个元素,因此删除这些元素时运行时间为 $O(1)$。

数组和链表哪个用得更多呢?显然要看情况。但数组用得很多,因为它支持随机访问。有两种访问方式:随机访问和顺序访问。顺序访问意味着从第一个元素开始逐个地读取元素。链表只能顺序访问:要读取链表的第十个元素,得先读取前九个元素,并沿链接找到第十个元素。随机访问意味着可直接跳到第十个元素。本书经常说数组的读取速度更快,这是因为它们支持随机访问。很多情况都要求能够随机访问,因此数组用得很多。数组和链表还被用来实现其他数据结构,这将在本书后面介绍。

练习

2.2　假设你要为饭店创建一个接受顾客点菜单的应用程序。这个应用程序存储一系列点菜单。服务员添加点菜单，而厨师取出点菜单并制作菜肴。这是一个点菜单队列：服务员在队尾添加点菜单，厨师取出队列开头的点菜单并制作菜肴。

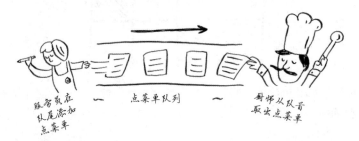

你使用数组还是链表来实现这个队列呢？（提示：链表擅长插入和删除，而数组擅长随机访问。在这个应用程序中，你要执行的是哪些操作呢？）

2.3　我们来做一个思考实验。假设Facebook记录一系列用户名，每当有用户试图登录Facebook时，都查找其用户名，如果找到就允许用户登录。由于经常有用户登录Facebook，因此需要执行大量的用户名查找操作。假设Facebook使用二分查找算法，而这种算法要求能够随机访问——立即获取中间的用户名。考虑到这一点，应使用数组还是链表来存储用户名呢？

2.4　经常有用户在Facebook注册。假设你已决定使用数组来存储用户名，在插入方面数组有何缺点呢？具体地说，在数组中添加新用户将出现什么情况？

2.5　实际上，Facebook存储用户信息时使用的既不是数组也不是链表。假设Facebook使用的是一种混合数据：链表数组。这个数组包含26个元素，每个元素都指向一个链表。例如，该数组的第一个元素指向的链表包含所有以A打头的用户名，第二个元素指向的链表包含所有以B打头的用户名，以此类推。

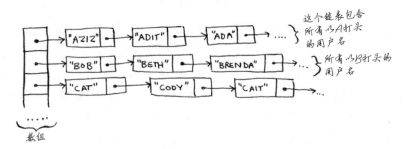

假设Adit B在Facebook注册，而你需要将其加入前述数据结构中。因此，你访问数组的第一个元素，再访问该元素指向的链表，并将Adit B添加到这个链表末尾。现在假设你要查找Zakhir H。因此你访问第26个元素，再在它指向的链表（该链表包含所有以z打头的用户名）中查找Zakhir H。

请问，相比于数组和链表，这种混合数据结构的查找和插入速度更慢还是更快？你不必给出大O运行时间，只需指出这种新数据结构的查找和插入速度更快还是更慢。

2.3 选择排序

有了前面的知识，你就可以学习第二种算法——选择排序了。要理解本节的内容，你必须熟悉数组、链表和大O表示法。

假设你的计算机存储了很多乐曲。对于每个乐队，你都记录了其作品被播放的次数。

~♫♪~	播放次数
RADIOHEAD	156
KISHORE KUMAR	141
THE BLACK KEYS	35
NEUTRAL MILK HOTEL	94
BECK	88
THE STROKES	61
WILCO	111

你要将这个列表按播放次数从多到少的顺序排列，从而将你喜欢的乐队排序。该如何做呢？

一种办法是遍历这个列表，找出作品播放次数最多的乐队，并将该乐队添加到一个新列表中。

~♫♪~	播放次数
RADIOHEAD	156
KISHORE KUMAR	141
THE BLACK KEYS	35
NEUTRAL MILK HOTEL	94
BECK	88
THE STROKES	61
WILCO	111

→

♫ 排序后 ♫	播放次数
RADIOHEAD	156

1. RADIOHEAD是播放次数最多的乐队

2. 将其加入到新列表中

再次这样做，找出播放次数第二多的乐队。

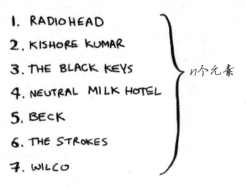

继续这样做，你将得到一个有序列表。

~♫~	播放次数
RADIOHEAD	156
KISHORE KUMAR	141
WILCO	111
NEUTRAL MILK HOTEL	94
BECK	88
THE STROKES	61
THE BLACK KEYS	35

下面从计算机科学的角度出发，看看这需要多长时间。别忘了，$O(n)$ 时间意味着查看列表中的每个元素一次。例如，对乐队列表进行简单查找时，意味着每个乐队都要查看一次。

1. RADIOHEAD
2. KISHORE KUMAR
3. THE BLACK KEYS
4. NEUTRAL MILK HOTEL   } n个元素
5. BECK
6. THE STROKES
7. WILCO

要找出播放次数最多的乐队，必须检查列表中的每个元素。正如你刚才看到的，这需要的时间为$O(n)$。因此对于这种时间为$O(n)$的操作，你需要执行n次。

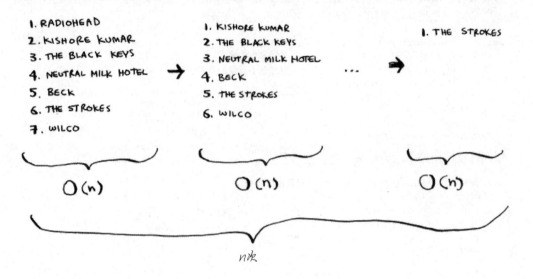

需要的总时间为$O(n \times n)$，即$O(n^2)$。

排序算法很有用。你现在可以对如下内容进行排序：

- 电话簿中的人名
- 旅行日期
- 电子邮件（从新到旧）

需要检查的元素数越来越少

　　随着排序的进行，每次需要检查的元素数在逐渐减少，最后一次需要检查的元素都只有一个。既然如此，运行时间怎么还是$O(n^2)$呢？这个问题问得好，这与大O表示法中的常数相关。第4章将详细解释，这里只简单地说一说。

　　你说的没错，并非每次都需要检查n个元素。第一次需要检查n个元素，但随后检查的元素数依次为$n-1$，$n-2$，$\cdots$，2和1。平均每次检查的元素数为$1/2 \times (n+1)$，因此运行时间为$O(n \times 1/2 \times (n+1))$。但大O表示法省略诸如1/2这样的常数（有关这方面的完整讨论，请参阅第4章），因此简单地写作$O(n \times n)$或$O(n^2)$。

选择排序是一种灵巧的算法，但其速度不是很快。快速排序是一种更快的排序算法，其运行时间为$O(n \log n)$，这将在下一章介绍。

示例代码

前面没有列出对乐队进行排序的代码，但下述代码提供了类似的功能：将数组元素按从小到大的顺序排列。先编写一个用于找出数组中最小元素的函数。

```
def findSmallest(arr):
  smallest = arr[0]          ◄············· 存储最小的值
  smallest_index = 0         ◄············· 存储最小元素的索引
  for i in range(1, len(arr)):
    if arr[i] < smallest:
      smallest = arr[i]
      smallest_index = i
  return smallest_index
```

现在可以使用这个函数来编写选择排序算法了。

```
def selectionSort(arr):    ◄············· 对数组进行排序
  newArr = []
  for i in range(len(arr)):
    smallest = findSmallest(arr)    ◄············· 找出数组中最小的元素，
    newArr.append(arr.pop(smallest))              并将其加入到新数组中
  return newArr

print selectionSort([5, 3, 6, 2, 10])
```

2.4　小结

- ❏ 计算机内存犹如一大堆抽屉。
- ❏ 需要存储多个元素时，可使用数组或链表。
- ❏ 数组的元素都在一起。
- ❏ 链表的元素是分开的，其中每个元素都存储了下一个元素的地址。
- ❏ 数组的读取速度很快。
- ❏ 链表的插入和删除速度很快。
- ❏ 在同一个数组中，所有元素的类型都必须相同（都为int、double等）。

第3章

递归

本章内容

❑ 学习递归。递归是很多算法都使用的一种编程方法，是理解本书后续内容的关键。

❑ 学习如何将问题分成基线条件和递归条件。第4章将介绍的分而治之策略使用这种简单的概念来解决棘手的问题。

我怀着激动的心情编写本章，因为它介绍的是递归——一种优雅的问题解决方法。递归是我最喜欢的主题之一，它将人分成三个截然不同的阵营：恨它的、爱它的以及恨了几年后又爱上它的。我本人属于第三个阵营。为帮助你理解，现有以下建议。

❑ 本章包含很多示例代码，请运行它们，以便搞清楚其中的工作原理。

❑ 请用纸和笔逐步执行至少一个递归函数，就像这样：我使用5来调用factorial，这将使用4调用factorial，并将返回结果乘以5，以此类推。这样逐步执行递归函数可搞明白递归函数的工作原理。

本章还包含大量伪代码。伪代码是对手头问题的简要描述，看着像代码，但其实更接近自然语言。

3.1 递归

假设你在祖母的阁楼中翻箱倒柜，发现了一个上锁的神秘手提箱。

祖母告诉你，钥匙很可能在下面这个盒子里。

这个盒子里有盒子，而盒子里的盒子又有盒子。钥匙就在某个盒子中。为找到钥匙，你将使用什么算法？先想想这个问题，再接着往下看。

下面是一种方法。

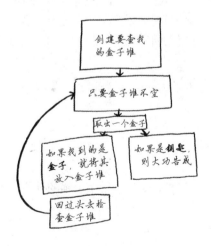

(1) 创建一个要查找的盒子堆。

(2) 从盒子堆取出一个盒子，在里面找。

(3) 如果找到的是盒子，就将其加入盒子堆中，以便以后再查找。

(4) 如果找到钥匙，则大功告成！

(5) 回到第二步。

下面是另一种方法。

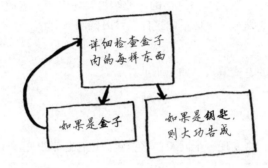

(1) 检查盒子中的每样东西。

(2) 如果是盒子，就回到第一步。

(3) 如果是钥匙，就大功告成！

在你看来，哪种方法更容易呢？第一种方法使用的是while循环：只要盒子堆不空，就从中取一个盒子，并在其中仔细查找。

```python
def look_for_key(main_box):
  pile = main_box.make_a_pile_to_look_through()
  while pile is not empty:
    box = pile.grab_a_box()
    for item in box:
      if item.is_a_box():
        pile.append(item)
      elif item.is_a_key():
        print "found the key!"
```

第二种方法使用递归——函数调用自己，这种方法的伪代码如下。

```python
def look_for_key(box):
  for item in box:
    if item.is_a_box():
      look_for_key(item)          ◀·········· 递归！
    elif item.is_a_key():
      print "found the key!"
```

这两种方法的作用相同，但在我看来，第二种方法更清晰。递归只是让解决方案更清晰，并没有性能上的优势。实际上，在有些情况下，使用循环的性能更好。我很喜欢Leigh Caldwell在

Stack Overflow上说的一句话："如果使用循环，程序的性能可能更高；如果使用递归，程序可能更容易理解。如何选择要看什么对你来说更重要。"[①]

很多算法都使用了递归，因此理解这种概念很重要。

3.2   基线条件和递归条件

由于递归函数调用自己，因此编写这样的函数时很容易出错，进而导致无限循环。例如，假设你要编写一个像下面这样倒计时的函数。

```
> 3...2...1
```

为此，你可以用递归的方式编写，如下所示。

```
def countdown(i):
    print i
    countdown(i-1)
```

如果你运行上述代码，将发现一个问题：这个函数运行起来没完没了！

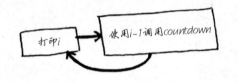

无限循环

```
> 3...2...1...0...-1...-2...
```

（要让脚本停止运行，可按Ctrl+C。）

编写递归函数时，必须告诉它何时停止递归。正因为如此，每个递归函数都有两部分：基线条件（base case）和递归条件（recursive case）。递归条件指的是函数调用自己，而基线条件则指的是函数不再调用自己，从而避免形成无限循环。

我们来给函数countdown添加基线条件。

```
def countdown(i):
    print i
    if i <= 1:    ◀·············· 基线条件
        return
    else:    ◀·············· 递归条件
        countdown(i-1)
```

现在，这个函数将像预期的那样运行，如下所示。

---

① 参见http://stackoverflow.com/a/72694/139117。

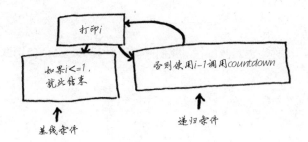

基线条件

递归条件

3.3 栈

本节将介绍一个重要的编程概念——调用栈（call stack）。调用栈不仅对编程来说很重要，使用递归时也必须理解这个概念。

假设你去野外烧烤，并为此创建了一个待办事项清单——一叠便条。

本书之前讨论数组和链表时，也有一个待办事项清单。你可将待办事项添加到该清单的任何地方，还可删除任何一个待办事项。一叠便条要简单得多：插入的待办事项放在清单的最前面；读取待办事项时，你只读取最上面的那个，并将其删除。因此这个待办事项清单只有两种操作：压入（插入）和弹出（删除并读取）。

压入

在最上面添加
新的待办事项

弹出

删除并阅读最上面
的待办事项

下面来看看如何使用这个待办事项清单。

从栈中弹出一个
待办事项

根据这个待办事
项，你需要去取
馒头和面板，并
烤个蛋糕

我们将这些待办事
项压入栈

这种数据结构称为栈。栈是一种简单的数据结构，刚才我们一直在使用它，却没有意识到！

3.3.1 调用栈

计算机在内部使用被称为调用栈的栈。我们来看看计算机是如何使用调用栈的。下面是一个简单的函数。

```
def greet(name):
    print "hello, " + name + "!"
    greet2(name)
    print "getting ready to say bye..."
    bye()
```

这个函数问候用户，再调用另外两个函数。这两个函数的代码如下。

```
def greet2(name):
    print "how are you, " + name + "?"
def bye():
    print "ok bye!"
```

下面详细介绍调用函数时发生的情况。

说　明

在Python中，print是一个函数，但出于简化考虑，这里假设它不是函数。你也这样假设就行了。

假设你调用greet("maggie")，计算机将首先为该函数调用分配一块内存。

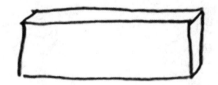

我们来使用这些内存。变量name被设置为maggie，这需要存储到内存中。

每当你调用函数时，计算机都像这样将函数调用涉及的所有变量的值存储到内存中。接下来，你打印hello, maggie!，再调用greet2("maggie")。同样，计算机也为这个函数调用分配一块内存。

计算机使用一个栈来表示这些内存块，其中第二个内存块位于第一个内存块上面。你打印
`how are you, maggie?`，然后从函数调用返回。此时，栈顶的内存块被弹出。

现在，栈顶的内存块是函数greet的，这意味着你返回到了函数greet。当你调用函数greet2
时，函数greet只执行了一部分。这是本节的一个重要概念：调用另一个函数时，当前函数暂停
并处于未完成状态。该函数的所有变量的值都还在内存中。执行完函数greet2后，你回到函数
greet，并从离开的地方开始接着往下执行：首先打印getting ready to say bye...，再调用
函数bye。

在栈顶添加了函数bye的内存块。然后，你打印ok bye!，并从这个函数返回。

现在你又回到了函数greet。由于没有别的事情要做，你就从函数greet返回。这个栈用于存储多个函数的变量，被称为调用栈。

练习

3.1　根据下面的调用栈，你可获得哪些信息？

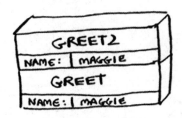

下面来看看递归函数的调用栈。

3.3.2　递归调用栈

递归函数也使用调用栈！来看看递归函数factorial的调用栈。factorial(5)写作5!，其定义如下：5! = 5 * 4 * 3 * 2 * 1。同理，factorial(3)为3 * 2 * 1。下面是计算阶乘的递归函数。

```python
def fact(x):
  if x == 1:
    return 1
  else:
    return x * fact(x-1)
```

下面来详细分析调用fact(3)时调用栈是如何变化的。别忘了，栈顶的方框指出了当前执行到了什么地方。

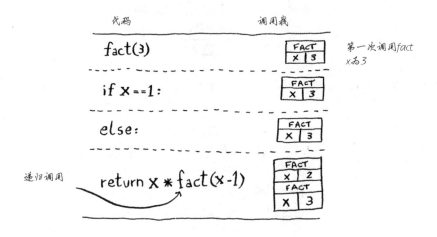

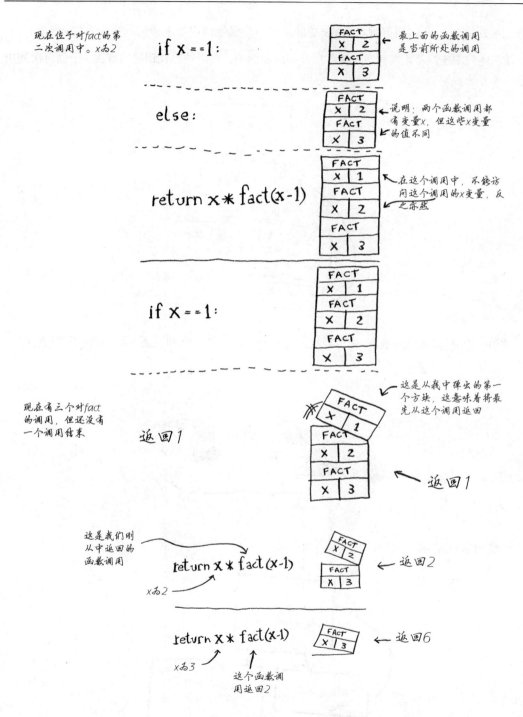

注意，每个fact调用都有自己的x变量。在一个函数调用中不能访问另一个的x变量。

栈在递归中扮演着重要角色。在本章开头的示例中，有两种寻找钥匙的方法。下面再次列出了第一种方法。

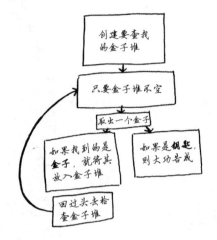

使用这种方法时，你创建一个待查找的盒子堆，因此你始终知道还有哪些盒子需要查找。

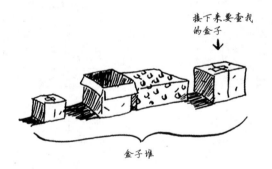

但使用递归方法时，没有盒子堆。

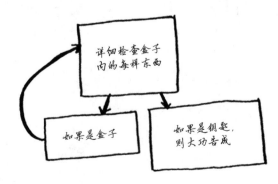

既然没有盒子堆，那算法怎么知道还有哪些盒子需要查找呢？下面是一个例子。

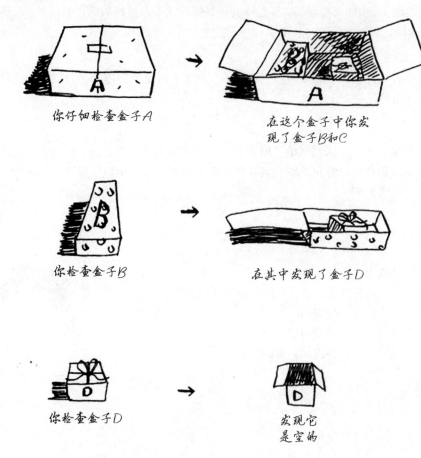

你仔细检查盒子A

在这个盒子中你发现了盒子B和C

你检查盒子B

在其中发现了盒子D

你检查盒子D

发现它是空的

此时，调用栈类似于下面这样。

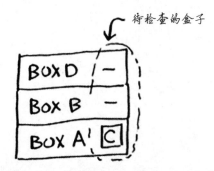

待检查的盒子

原来"盒子堆"存储在了栈中！这个栈包含未完成的函数调用，每个函数调用都包含还未检查完的盒子。使用栈很方便，因为你无需自己跟踪盒子堆——栈替你这样做了。

使用栈虽然很方便，但是也要付出代价：存储详尽的信息可能占用大量的内存。每个函数调用都要占用一定的内存，如果栈很高，就意味着计算机存储了大量函数调用的信息。在这种情况下，你有两种选择。

- 重新编写代码，转而使用循环。
- 使用尾递归。这是一个高级递归主题，不在本书的讨论范围内。另外，并非所有的语言都支持尾递归。

练习

3.2 假设你编写了一个递归函数，但不小心导致它没完没了地运行。正如你看到的，对于每次函数调用，计算机都将为其在栈中分配内存。递归函数没完没了地运行时，将给栈带来什么影响？

3.4 小结

- 递归指的是调用自己的函数。
- 每个递归函数都有两个条件：基线条件和递归条件。
- 栈有两种操作：压入和弹出。
- 所有函数调用都进入调用栈。
- 调用栈可能很长，这将占用大量的内存。

第 4 章

快速排序

本章内容

❑ 学习分而治之。有时候，你可能会遇到使用任何已知的算法都无法解决的问题。优秀的
算法学家遇到这种问题时，不会就此放弃，而是尝试使用掌握的各种问题解决方法来找
出解决方案。分而治之是你学习的第一种通用的问题解决方法。

❑ 学习快速排序——一种常用的优雅的排序算法。快速排序使用分而治之的策略。

前一章深入介绍了递归，本章的重点是使用学到的新技能来解决问题。我们将探索分而治之
（divide and conquer，D&C）——一种著名的递归式问题解决方法。

本书将深入算法的核心。只能解决一种问题的算法毕竟用处有限，而D&C提供了解决问题的
思路，是另一个可供你使用的工具。面对新问题时，你不再束手无策，而是自问："使用分而治
之能解决吗？"

在本章末尾，你将学习第一个重要的D&C算法——快速排序。快速排序是一种排序算法，速
度比第2章介绍的选择排序快得多，实属优雅代码的典范。

4.1　分而治之

D&C并不那么容易掌握，我将通过三个示例来介绍。首先，
介绍一个直观的示例；然后，介绍一个代码示例，它不那么好看，
但可能更容易理解；最后，详细介绍快速排序——一种使用D&C
的排序算法。

假设你是农场主，有一小块土地。

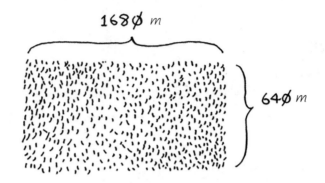

你要将这块地均匀地分成方块，且分出的方块要尽可能大。显然，下面的分法都不符合要求。

如何将一块地均匀地分成方块，并确保分出的方块是最大的呢？使用D&C策略！D&C算法是递归的。使用D&C解决问题的过程包括两个步骤。

(1) 找出基线条件，这种条件必须尽可能简单。

(2) 不断将问题分解（或者说缩小规模），直到符合基线条件。

下面就来使用D&C找出前述问题的解决方案。可你能使用的最大方块有多大呢？

首先，找出基线条件。最容易处理的情况是，一条边的长度是另一条边的整数倍。

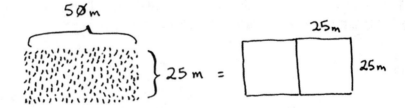

如果一边长25 m，另一边长50 m，那么可使用的最大方块为 25 m×25 m。换言之，可以将这块地分成两个这样的方块。

现在需要找出递归条件，这正是D&C的用武之地。根据D&C的定义，每次递归调用都必须缩小问题的规模。如何缩小前述问题的规模呢？我们首先找出这块地可容纳的最大方块。

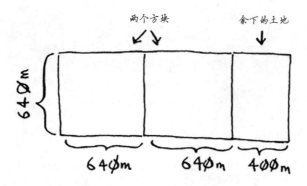

你可以从这块地中划出两个640 m × 640 m的方块，同时余下一小块地。现在是顿悟时刻：何不对余下的那一小块地使用相同的算法呢？

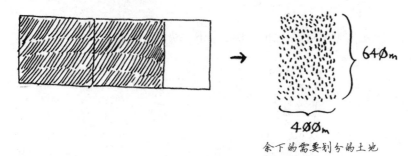

余下的需要划分的土地

最初要划分的土地尺寸为1680 m × 640 m，而现在要划分的土地更小，为640 m × 400 m。适用于这小块地的最大方块，也是适用于整块地的最大方块。换言之，你将均匀划分1680 m × 640 m土地的问题，简化成了均匀划分640 m × 400 m土地的问题！

欧几里得算法

前面说"适用于这小块地的最大方块，也是适用于整块地的最大方块"，如果你觉得这一点不好理解，也不用担心。这确实不好理解，但遗憾的是，要证明这一点，需要的篇幅有点长，在本书中无法这样做，因此你只能选择相信这种说法是正确的。如果你想搞明白其中的原因，可参阅欧几里得算法。可汗学院很清楚地阐述了这种算法，网址为https://www.khanacademy.org/computing/computer-science/ryptography/modarithmetic/a/the-euclidean-algorithm。

下面再次使用同样的算法。对于640 m × 400 m的土地，可从中划出的最大方块为400 m × 400 m。

这将余下一块更小的土地，其尺寸为400 m × 240 m。

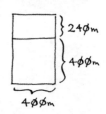

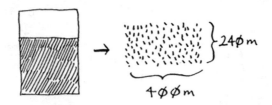

你可从这块土地中划出最大的方块，余下一块更小的土地，其尺寸为 240 m × 160 m。

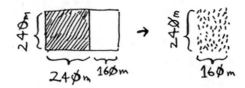

接下来，从这块土地中划出最大的方块，余下一块更小的土地。

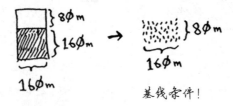

余下的这块土地满足基线条件，因为 160 是 80 的整数倍。将这块土地分成两个方块后，将不会余下任何土地！

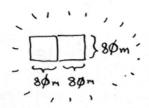

因此，对于最初的那片土地，适用的最大方块为 80 m × 80 m。

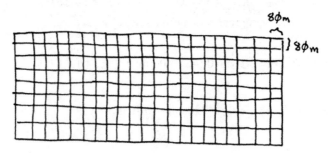

这里重申一下D&C的工作原理：

(1) 找出简单的基线条件；

(2) 确定如何缩小问题的规模，使其符合基线条件。

D&C并非可用于解决问题的算法，而是一种解决问题的思路。我们再来看一个例子。

给定一个数字数组。

你需要将这些数字相加，并返回结果。使用循环很容易完成这种任务。

```python
def sum(arr):
  total = 0
  for x in arr:
    total += x
  return total

print sum([1, 2, 3, 4])
```

但如何使用递归函数来完成这种任务呢？

第一步：找出基线条件。最简单的数组什么样呢？请想想这个问题，再接着往下读。如果数组不包含任何元素或只包含一个元素，计算总和将非常容易。

因此这就是基线条件。

第二步：每次递归调用都必须离空数组更近一步。如何缩小问题的规模呢？下面是一种办法。

这与下面的版本等效。

这两个版本的结果都为12，但在第二个版本中，给函数sum传递的数组更短。换言之，这缩小了问题的规模！

函数sum的工作原理类似于下面这样。

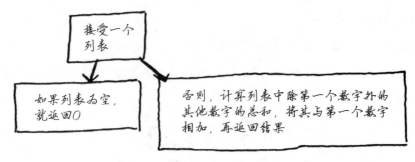

这个函数的运行过程如下。

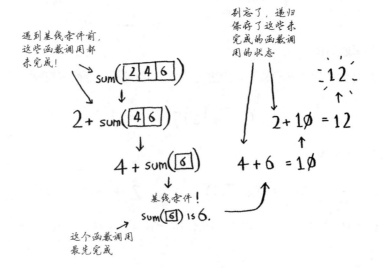

别忘了，递归记录了状态。

函数式编程一瞥

你可能想，既然使用循环可轻松地完成任务，为何还要使用递归方式呢？看看函数式编程你就明白了！诸如Haskell等函数式编程语言没有循环，因此你只能使用递归来编写这样的函数。如果你对递归有深入的认识，函数式编程语言学习起来将更容易。例如，使用Haskell时，你可能这样编写函数sum。

```
sum [] = 0          ◀━━━━━━━━━━━━━ 基线条件
sum (x:xs) = x + (sum xs)   ◀━━━━ 递归条件
```

注意，这就像是你有函数的两个定义。符合基线条件时运行第一个定义，符合递归条件时运行第二个定义。也可以使用Haskell语言中的if语句来编写这个函数。

```
sum arr = if arr == []
             then 0
             else (head arr) + (sum (tail arr))
```

但前一个版本更容易理解。Haskell大量使用了递归，因此它提供了各种方便实现递归的语法。如果你喜欢递归或想学习一门新语言，可以研究一下Haskell。

练习

4.1 请编写前述sum函数的代码。

4.2 编写一个递归函数来计算列表包含的元素数。

4.3 找出列表中最大的数字。

4.4 还记得第1章介绍的二分查找吗？它也是一种分而治之算法。你能找出二分查找算法的基线条件和递归条件吗？

4.2 快速排序

快速排序是一种常用的排序算法，比选择排序快得多。例如，C语言标准库中的函数qsort实现的就是快速排序。快速排序也使用了D&C。

下面来使用快速排序对数组进行排序。对排序算法来说，最简单的数组什么样呢？还记得前一节的"提示"吗？就是根本不需要排序的数组。

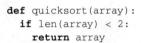

因此，基线条件为数组为空或只包含一个元素。在这种情况下，只需原样返回数组——根本就不用排序。

```
def quicksort(array):
  if len(array) < 2:
    return array
```

我们来看看更长的数组。对包含两个元素的数组进行排序也很容易。

包含三个元素的数组呢？

别忘了，你要使用D&C，因此需要将数组分解，直到满足基线条件。下面介绍快速排序的工作原理。首先，从数组中选择一个元素，这个元素被称为基准值（pivot）。

稍后再介绍如何选择合适的基准值。我们暂时将数组的第一个元素用作基准值。

接下来，找出比基准值小的元素以及比基准值大的元素。

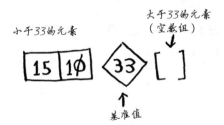

这被称为分区（partitioning）。现在你有：

❑ 一个由所有小于基准值的数字组成的子数组；

□ 基准值；

□ 一个由所有大于基准值的数字组成的子数组。

这里只是进行了分区，得到的两个子数组是无序的。但如果这两个数组是有序的，对整个数组进行排序将非常容易。

如果子数组是有序的，就可以像下面这样合并得到一个有序的数组：左边的数组 + 基准值 + 右边的数组。在这里，就是[10, 15] + [33] + []，结果为有序数组[10, 15, 33]。

如何对子数组进行排序呢？对于包含两个元素的数组（左边的子数组）以及空数组（右边的子数组），快速排序知道如何将它们排序，因此只要对这两个子数组进行快速排序，再合并结果，就能得到一个有序数组！

```
quicksort([15, 10]) + [33] + quicksort([])
> [10, 15, 33]◄·············一个有序数组
```

不管将哪个元素用作基准值，这都管用。假设你将15用作基准值。

这个子数组都只有一个元素，而你知道如何对这些数组进行排序。现在你就知道如何对包含三个元素的数组进行排序了，步骤如下。

(1) 选择基准值。

(2) 将数组分成两个子数组：小于基准值的元素组成的子数组和大于基准值的元素组成的子数组。

(3) 对这两个子数组进行快速排序。

包含四个元素的数组呢？

假设你也将33用作基准值。

左边的子数组包含三个元素，而你知道如何对包含三个元素的数组进行排序：对其递归地调用快速排序。

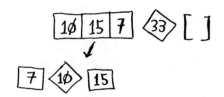

因此你能够对包含四个元素的数组进行排序。如果能够对包含四个元素的数组进行排序，就能对包含五个元素的数组进行排序。为什么呢？假设有下面这样一个包含五个元素的数组。

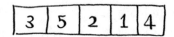

根据选择的基准值，对这个数组进行分区的各种可能方式如下。

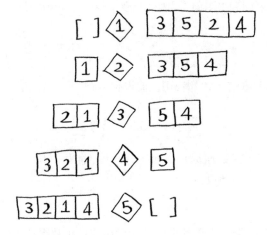

注意，这些子数组包含的元素个数都在0～4内，而你已经知道如何使用快速排序对包含0～4个元素的数组进行排序！因此，不管如何选择基准值，你都可对划分得到的两个子数组递归地进行快速排序。

例如，假设你将3用作基准值，可对得到的子数组进行快速排序。

将子数组排序后，将它们合并，得到一个有序数组。即便你将5用作基准值，这也可行。

qsort (3 2 1 4) ◇5 qsort ([ ])

↓

1 2 3 4 ◇5 [ ]

↓

1 2 3 4 5

将任何元素用作基准值都可行，因此你能够对包含五个元素的数组进行排序。同理，你能够对包含六个元素的数组进行排序，以此类推。

归纳证明

　　刚才你大致见识了归纳证明！归纳证明是一种证明算法行之有效的方式，它分两步：基线条件和归纳条件。是不是有点似曾相识的感觉？例如，假设我要证明我能爬到梯子的最上面。归纳条件是这样的：如果我站在一个横档上，就能将脚放到上一个横档上。换言之，如果我站在第二个横档上，就能爬到第三个横档。这就是归纳条件。而基线条件是这样的，即我已经站在第一个横档上。因此，通过每次爬一个横档，我就能爬到梯子最顶端。

　　对于快速排序，可使用类似的推理。在基线条件中，我证明这种算法对空数组或包含一个元素的数组管用。在归纳条件中，我证明如果快速排序对包含一个元素的数组管用，对包含两个元素的数组也将管用；如果它对包含两个元素的数组管用，对包含三个元素的数组也将管用，以此类推。因此，我可以说，快速排序对任何长度的数组都管用。这里不再深入讨论归纳证明，但它很有趣，并与D&C协同发挥作用。

下面是快速排序的代码。

```
def quicksort(array):
  if len(array) < 2:
    return array        ◄┈┈┈┈┈┈┈ 基线条件：为空或只包含一个元素的数组是"有序"的
  else:
    pivot = array[0]    ◄┈┈┈┈┈ 选择基准值
    less = [i for i in array[1:] if i <= pivot]    ◄┈┈┈┈┈ 由所有小于等于基准值的
                                                            元素组成的子数组
    greater = [i for i in array[1:] if i > pivot]  ◄┈┈┈┈┈ 由所有大于基准值的
                                                            元素组成的子数组
    return quicksort(less) + [pivot] + quicksort(greater)

print quicksort([10, 5, 2, 3])
```

4.3　再谈大 O 表示法

快速排序的独特之处在于，其速度取决于选择的基准值。在讨论快速排序的运行时间前，我们再来看看最常见的大O运行时间。

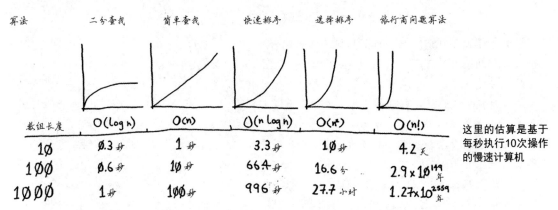

算法	二分查找	简单查找	快速排序	选择排序	旅行商问题算法	
数组长度	$O(\log n)$	$O(n)$	$O(n \log n)$	$O(n^2)$	$O(n!)$	这里的估算是基于每秒执行10次操作的慢速计算机
10	0.3 秒	1 秒	3.3 秒	10 秒	4.2 天	
100	0.6 秒	10 秒	66.4 秒	16.6 分	2.9×10^{149} 年	
1000	1 秒	100 秒	996 秒	27.7 小时	1.27×10^{2559} 年	

上述图表中的时间是基于每秒执行10次操作计算得到的。这些数据并不准确，这里提供它们只是想让你对这些运行时间的差别有大致认识。实际上，计算机每秒执行的操作远不止10次。

对于每种运行时间，本书还列出了相关的算法。来看看第2章介绍的选择排序，其运行时间为$O(n^2)$，速度非常慢。

还有一种名为合并排序（merge sort）的排序算法，其运行时间为$O(n \log n)$，比选择排序快得多！快速排序的情况比较棘手，在最糟情况下，其运行时间为$O(n^2)$。

与选择排序一样慢！但这是最糟情况。在平均情况下，快速排序的运行时间为$O(n \log n)$。你可能会有如下疑问。

❑ 这里说的最糟情况和平均情况是什么意思呢？

❑ 若快速排序在平均情况下的运行时间为$O(n \log n)$，而合并排序的运行时间总是$O(n \log n)$，为何不使用合并排序？它不是更快吗？

4.3.1 比较合并排序和快速排序

假设有下面这样打印列表中每个元素的简单函数。

```
def print_items(list):
  for item in list:
    print item
```

这个函数遍历列表中的每个元素并将其打印出来。它迭代整个列表一次，因此运行时间为$O(n)$。现在假设你对这个函数进行修改，使其在打印每个元素前都休眠1秒钟。

```
from time import sleep
def print_items2(list):
  for item in list:
    sleep(1)
    print item
```

它在打印每个元素前都暂停1秒钟。假设你使用这两个函数来打印一个包含5个元素的列表。

print_items: 2 4 6 8 10

print_items2: <休眠> 2 <休眠> 4 <休眠> 6 <休眠> 8 <休眠> 10

这两个函数都迭代整个列表一次，因此它们的运行时间都为$O(n)$。你认为哪个函数的速度更快呢？我认为print_items要快得多，因为它没有在每次打印元素前都暂停1秒钟。因此，虽然使用大O表示法表示时，这两个函数的速度相同，但实际上print_items的速度更快。在大O表示法$O(n)$中，n实际上指的是这样的。

$c*n$
↑ 固定的时间量

c是算法所需的固定时间量，被称为常量。例如，print_items所需的时间可能是10毫秒 * n，而print_items2所需的时间为1秒 * n。

通常不考虑这个常量，因为如果两种算法的大O运行时间不同，这种常量将无关紧要。就拿二分查找和简单查找来举例说明。假设这两种算法的运行时间包含如下常量。

$$\frac{10毫秒 * n}{简单查找} \qquad \frac{1秒 * \log n}{二分查找}$$

你可能认为，简单查找的常量为10毫秒，而二分查找的常量为1秒，因此简单查找的速度要快得多。现在假设你要在包含40亿个元素的列表中查找，所需时间将如下。

$$\text{简单查找} \quad 10\,\text{毫秒} \times 40亿 \quad = \quad 463\,\text{天}$$

$$\text{二分查找} \quad 1\,\text{秒} \times 32 \quad = \quad 32\,\text{秒}$$

正如你看到的，二分查找的速度还是快得多，常量根本没有什么影响。

但有时候，常量的影响可能很大，对快速排序和合并排序来说就是如此。快速排序的常量比合并排序小，因此如果它们的运行时间都为$O(n \log n)$，快速排序的速度将更快。实际上，快速排序的速度确实更快，因为相对于遇上最糟情况，它遇上平均情况的可能性要大得多。

此时你可能会问，何为平均情况，何为最糟情况呢？

4.3.2 平均情况和最糟情况

快速排序的性能高度依赖于你选择的基准值。假设你总是将第一个元素用作基准值，且要处理的数组是有序的。由于快速排序算法不检查输入数组是否有序，因此它依然尝试对其进行排序。

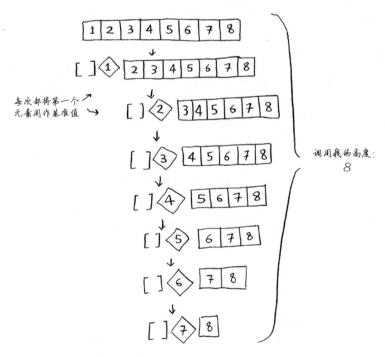

注意，数组并没有被分成两半，相反，其中一个子数组始终为空，这导致调用栈非常长。现在假设你总是将中间的元素用作基准值，在这种情况下，调用栈如下。

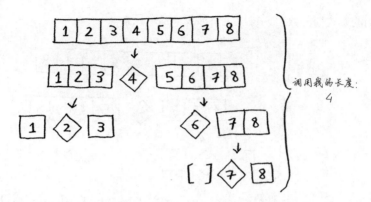

调用栈短得多！因为你每次都将数组分成两半，所以不需要那么多递归调用。你很快就到达了基线条件，因此调用栈短得多。

第一个示例展示的是最糟情况，而第二个示例展示的是最佳情况。在最糟情况下，栈长为$O(n)$，而在最佳情况下，栈长为$O(\log n)$。

现在来看看栈的第一层。你将一个元素用作基准值，并将其他的元素划分到两个子数组中。这涉及数组中的全部8个元素，因此该操作的时间为$O(n)$。在调用栈的第一层，涉及全部8个元素，但实际上，在调用栈的每层都涉及$O(n)$个元素。

这两层都
涉及$O(n)$个
元素

| 1 | 2 | 3 | 4 | 5 | 6 | 7 | 8 |

[ ] ⟨1⟩ | 2 | 3 | 4 | 5 | 6 | 7 | 8 |

[ ] ⟨2⟩ | 3 | 4 | 5 | 6 | 7 | 8 |

[ ] ⟨3⟩ | 4 | 5 | 6 | 7 | 8 |

[ ] ⟨4⟩ | 5 | 6 | 7 | 8 |

[ ] ⟨5⟩ | 6 | 7 | 8 |

[ ] ⟨6⟩ | 7 | 8 |

[ ] ⟨7⟩ | 8 |

即便以不同的方式划分数组，每次也将涉及$O(n)$个元素。

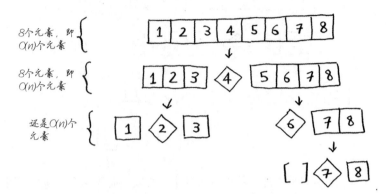

因此，完成每层所需的时间都为$O(n)$。

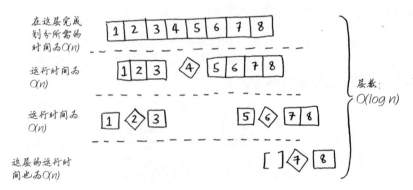

在这个示例中，层数为$O(\log n)$（用技术术语说，调用栈的高度为$O(\log n)$），而每层需要的时间为$O(n)$。因此整个算法需要的时间为$O(n) * O(\log n) = O(n \log n)$。这就是最佳情况。

在最糟情况下，有$O(n)$层，因此该算法的运行时间为$O(n) * O(n) = O(n^2)$。

知道吗？这里要告诉你的是，最佳情况也是平均情况。只要你每次都随机地选择一个数组元素作为基准值，快速排序的平均运行时间就将为$O(n \log n)$。快速排序是最快的排序算法之一，也是D&C典范。

练习

使用大O表示法时，下面各种操作都需要多长时间？

4.5　打印数组中每个元素的值。

4.6　将数组中每个元素的值都乘以2。

4.7　只将数组中第一个元素的值乘以2。

4.8 根据数组包含的元素创建一个乘法表，即如果数组为[2, 3, 7, 8, 10]，首先将每个元素都乘以2，再将每个元素都乘以3，然后将每个元素都乘以7，以此类推。

4.4 小结

- D&C将问题逐步分解。使用D&C处理列表时，基线条件很可能是空数组或只包含一个元素的数组。
- 实现快速排序时，请随机地选择用作基准值的元素。快速排序的平均运行时间为$O(n \log n)$。
- 大O表示法中的常量有时候事关重大，这就是快速排序比合并排序快的原因所在。
- 比较简单查找和二分查找时，常量几乎无关紧要，因为列表很长时，$O(\log n)$的速度比$O(n)$快得多。

第5章

散列表

5

本章内容

- ❏ 学习散列表——最有用的基本数据结构之一。散列表用途广泛，本章将介绍其常见的用途。
- ❏ 学习散列表的内部机制：实现、冲突和散列函数。这将帮助你理解如何分析散列表的性能。

假设你在一家杂货店上班。有顾客来买东西时，你得在一个本子中查找价格。如果本子的内容不是按字母顺序排列的，你可能为查找苹果（apple）的价格而浏览每一行，这需要很长的时间。此时你使用的是第1章介绍的简单查找，需要浏览每一行。还记得这需要多长时间吗？$O(n)$。如果本子的内容是按字母顺序排列的，可使用二分查找来找出苹果的价格，这需要的时间更短，为$O(\log n)$。

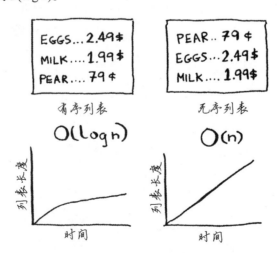

需要提醒你的是，运行时间$O(n)$和$O(\log n)$之间有天壤之别！假设你每秒能够看10行，使用简单查找和二分查找所需的时间将如下。

本子中的商品数量	$O(n)$	$O(\log n)$	
100	10秒	1秒	← 你需要检查 $\log_2 100 = 7$行
1000	1.66分	1秒	← 你需要检查 $\log_2 1000 = 10$行
10000	16.6分	2秒	← 你需要检查 $\log_2 10000 = 14$行

你知道，二分查找的速度非常快。但作为收银员，在本子中查找价格是件很痛苦的事情，哪怕本子的内容是有序的。在查找价格时，你都能感觉到顾客的怒气。看来真的需要一名能够记住所有商品价格的雇员，这样你就不用查找了：问她就能马上知道答案。

不管商品有多少，这位雇员（假设她的名字为Maggie）报出任何商品的价格的时间都为$O(1)$，速度比二分查找都快。

本子中的商品数量	简单查找 $O(n)$	二分查找 $O(\log n)$	MAGGIE $O(1)$
100	10秒	1秒	立即
1000	1.6分	1秒	立即
10000	16.6分	2秒	立即

真是太厉害了！如何聘到这样的雇员呢？

下面从数据结构的角度来看看。前面介绍了两种数据结构：数组和链表（其实还有栈，但栈并不能用于查找）。你可使用数组来实现记录商品价格的本子。

$$\boxed{\text{(EGGS, 2.49)}}\ \boxed{\text{(MILK, 1.49)}}\ \boxed{\text{(PEAR, 0.79)}}$$

这种数组的每个元素包含两项内容：商品名和价格。如果将这个数组按商品名排序，就可使用二分查找在其中查找商品的价格。这样查找价格的时间将为$O(\log n)$。然而，你希望查找商品价格的时间为$O(1)$，即你希望查找速度像Maggie那么快，这是散列函数的用武之地。

5.1　散列函数

散列函数是这样的函数，即无论你给它什么数据，它都还你一个数字。

"NAMASTE" → ⋈ ⇒ 7

"HOLA" → ⋈ ⇒ 4

"HELLO" → ⋈ ⇒ 2

↑ 散列函数

…等等…

如果用专业术语来表达的话，我们会说，散列函数"将输入映射到数字"。你可能认为散列函数输出的数字没什么规律，但其实散列函数必须满足一些要求。

- ❑ 它必须是一致的。例如，假设你输入apple时得到的是4，那么每次输入apple时，得到的都必须为4。如果不是这样，散列表将毫无用处。
- ❑ 它应将不同的输入映射到不同的数字。例如，如果一个散列函数不管输入是什么都返回1，它就不是好的散列函数。最理想的情况是，将不同的输入映射到不同的数字。

散列函数将输入映射为数字，这有何用途呢？你可使用它来打造你的"Maggie"！

为此，首先创建一个空数组。

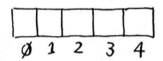

你将在这个数组中存储商品的价格。下面来将苹果的价格加入到这个数组中。为此，将apple作为输入交给散列函数。

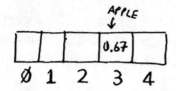

散列函数的输出为3，因此我们将苹果的价格存储到数组的索引3处。

下面将牛奶（milk）的价格存储到数组中。为此，将milk作为散列函数的输入。

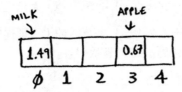

散列函数的输出为0，因此我们将牛奶的价格存储在索引0处。

不断地重复这个过程，最终整个数组将填满价格。

现在假设需要知道鳄梨（avocado）的价格。你无需在数组中查找，只需将avocado作为输入交给散列函数。

它将告诉你鳄梨的价格存储在索引4处。果然，你在那里找到了。

散列函数准确地指出了价格的存储位置，你根本不用查找！之所以能够这样，具体原因如下。

❑ 散列函数总是将同样的输入映射到相同的索引。每次你输入avocado，得到的都是同一个
数字。因此，你可首先使用它来确定将鳄梨的价格存储在什么地方，并在以后使用它来
确定鳄梨的价格存储在什么地方。

❑ 散列函数将不同的输入映射到不同的索引。avocado映射到索引4，milk映射到索引0。每
种商品都映射到数组的不同位置，让你能够将其价格存储到这里。

❑ 散列函数知道数组有多大，只返回有效的索引。如果数组包含5个元素，散列函数就不会
返回无效索引100。

刚才你就打造了一个 "Maggie"！你结合使用散列函数和数组创建了一种被称为散列表（hash
table）的数据结构。散列表是你学习的第一种包含额外逻辑的数据结构。数组和链表都被直接映
射到内存，但散列表更复杂，它使用散列函数来确定元素的存储位置。

在你将学习的复杂数据结构中，散列表可能是最有用的，也被称为散列映射、映射、字典和
关联数组。散列表的速度很快！还记得第2章关于数组和链表的讨论吗？你可以立即获取数组中
的元素，而散列表也使用数组来存储数据，因此其获取元素的速度与数组一样快。

你可能根本不需要自己去实现散列表，任一优秀的语言都提供了散列表实现。Python提供的
散列表实现为字典，你可使用函数dict来创建散列表。

```
>>> book = dict()
```

一个空的
散列表

创建散列表book后，在其中添加一些商品的价格。

```
>>> book["apple"] = 0.67  ◀┈┈┈┈┈┈┈┈┈  一个苹果的价格为67美分
>>> book["milk"] = 1.49   ◀┈┈┈┈┈┈┈┈┈  牛奶的价格为1.49美元
>>> book["avocado"] = 1.49
>>> print book
{'avocado': 1.49, 'apple': 0.67, 'milk': 1.49}
```

一个包含商品价格
的散列表

非常简单！我们来查询鳄梨的价格。

```
>>> print book["avocado"]
1.49  ◀┈┈┈┈┈┈┈┈┈  鳄梨的价格
```

散列表由键和值组成。在前面的散列表book中，键为商品名，值为商品价格。散列表将键
映射到值。

在下一节中，你将看到一些散列表使用示例。

练习

对于同样的输入，散列表必须返回同样的输出，这一点很重要。如果不是这样的，就无法找

到你在散列表中添加的元素！

请问下面哪些散列函数是一致的？

5.1 `f(x) = 1` ◄⋯⋯⋯⋯ 无论输入是什么，都返回1

5.2 `f(x) = rand()` ◄⋯⋯⋯ 每次都返回一个随机数

5.3 `f(x) = next_empty_slot()` ◄⋯⋯⋯⋯ 返回散列表中下一个空位置的索引

5.4 `f(x) = len(x)` ◄⋯⋯⋯ 将字符串的长度用作索引

5.2 应用案例

散列表用途广泛，本节将介绍几个应用案例。

5.2.1 将散列表用于查找

手机都内置了方便的电话簿，其中每个姓名都有对应的电话号码。

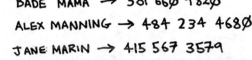

BADE MAMA → 581 660 9820

ALEX MANNING → 484 234 4680

JANE MARIN → 415 567 3579

假设你要创建一个类似这样的电话簿，将姓名映射到电话号码。该电话簿需要提供如下功能。

❏ 添加联系人及其电话号码。
❏ 通过输入联系人来获悉其电话号码。

这非常适合使用散列表来实现！在下述情况下，使用散列表是很不错的选择。

❏ 创建映射。
❏ 查找。

创建电话簿非常容易。首先，新建一个散列表。

```
>>> phone_book = dict()
```

顺便说一句，Python提供了一种创建散列表的快捷方式——使用一对大括号。

```
>>> phone_book = {}
```
◄⋯⋯⋯⋯ 与**phone_book = dict()**等效

下面在这个电话簿中添加一些联系人的电话号码。

```
>>> phone_book["jenny"] = 8675309
>>> phone_book["emergency"] = 911
```

这就成了！现在，假设你要查找Jenny的电话号码，为此只需向散列表传入相应的键。

```
>>> print phone_book["jenny"]
8675309  ◄·············· Jenny的电话号码
```

使用散列表创建
的电话簿

如果要求你使用数组来创建电话簿，你将如何做呢？散列表让你能够轻松地模拟映射关系。

散列表被用于大海捞针式的查找。例如，你在访问像http://adit.io这样的网站时，计算机必须将adit.io转换为IP地址。

$$ADIT.IO \rightarrow 173.255.248.55$$

无论你访问哪个网站，其网址都必须转换为IP地址。

$$GOOGLE.COM \rightarrow 74.125.239.133$$
$$FACEBOOK.COM \rightarrow 173.252.120.6$$
$$SCRIBD.COM \rightarrow 23.235.47.175$$

这不是将网址映射到IP地址吗？好像非常适合使用散列表啰！这个过程被称为DNS解析（DNS resolution），散列表是提供这种功能的方式之一。

5.2.2 防止重复

假设你负责管理一个投票站。显然，每人只能投一票，但如何避免重复投票呢？有人来投票时，你询问他的全名，并将其与已投票者名单进行比对。

如果名字在名单中，就说明这个人投过票了，因此将他拒之门外！否则，就将他的姓名加入到名单中，并让他投票。现在假设有很多人来投过了票，因此名单非常长。

　　每次有人来投票时，你都得浏览这个长长的名单，以确定他是否投过票。但有一种更好的办法，那就是使用散列表！

　　为此，首先创建一个散列表，用于记录已投票的人。

```
>>> voted = {}
```

有人来投票时，检查他是否在散列表中。

```
>>> value = voted.get("tom")
```

　　如果"tom"在散列表中，函数get将返回True；否则返回None。你可使用这个函数检查来投票的人是否投过票！

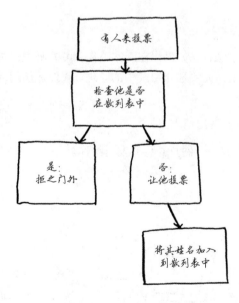

代码如下。

```
voted = {}

def check_voter(name):
  if voted.get(name):
    print "kick them out!"
  else:
    voted[name] = True
    print "let them vote!"
```

我们来测试几次。

```
>>> check_voter("tom")
let them vote!
>>> check_voter("mike")
let them vote!
>>> check_voter("mike")
kick them out!
```

首先来投票的是Tom，上述代码打印let them vote!。接着Mike来投票，打印的也是let them vote!。然后，Mike又来投票，于是打印的就是kick them out!。

别忘了，如果你将已投票者的姓名存储在列表中，这个函数的速度终将变得非常慢，因为它必须使用简单查找搜索整个列表。但这里将它们存储在了散列表中，而散列表让你能够迅速知道来投票的人是否投过票。使用散列表来检查是否重复，速度非常快。

5.2.3 将散列表用作缓存

来看最后一个应用案例：缓存。如果你在网站工作，可能听说过进行缓存是一种不错的做法。下面简要地介绍其中的原理。假设你访问网站facebook.com。

(1) 你向Facebook的服务器发出请求。

(2) 服务器做些处理，生成一个网页并将其发送给你。

(3) 你获得一个网页。

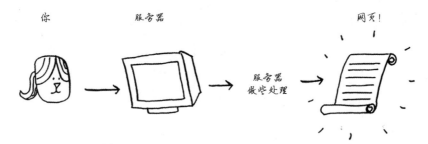

你   服务器   网页!

服务器
做些处理

　　例如，Facebook的服务器可能搜集你朋友的最近活动，以便向你显示这些信息，这需要几秒钟的时间。作为用户的你，可能感觉这几秒钟很久，进而可能认为Facebook怎么这么慢！另一方面，Facebook的服务器必须为数以百万的用户提供服务，每个人的几秒钟累积起来就相当多了。为服务好所有用户，Facebook的服务器实际上在很努力地工作。有没有办法让Facebook的服务器少做些工作，从而提高Facebook网站的访问速度呢？

　　假设你有个侄女，总是没完没了地问你有关星球的问题。火星离地球多远？月球呢？木星呢？每次你都得在Google搜索，再告诉她答案。这需要几分钟。现在假设她老问你月球离地球多远，很快你就记住了月球离地球238 900英里。因此不必再去Google搜索，你就可以直接告诉她答案。这就是缓存的工作原理：网站将数据记住，而不再重新计算。

　　如果你登录了Facebook，你看到的所有内容都是为你定制的。你每次访问facebook.com，其服务器都需考虑你感兴趣的是什么内容。但如果你没有登录，看到的将是登录页面。每个人看到的登录页面都相同。Facebook被反复要求做同样的事情："当我注销时，请向我显示主页。"有鉴于此，它不让服务器去生成主页，而是将主页存储起来，并在需要时将其直接发送给用户。

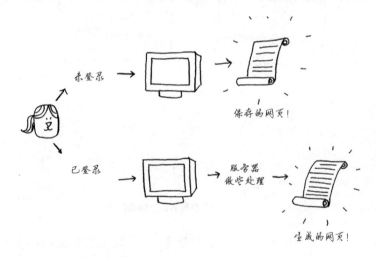

　　这就是缓存，具有如下两个优点。

❑ 用户能够更快地看到网页，就像你记住了月球与地球之间的距离时一样。下次你侄女再问你时，你就不用再使用Google搜索，立刻就可以告诉她答案。

❑ Facebook需要做的工作更少。

　　缓存是一种常用的加速方式，所有大型网站都使用缓存，而缓存的数据则存储在散列表中！

　　Facebook不仅缓存主页，还缓存About页面、Contact页面、Terms and Conditions页面等众多其他的页面。因此，它需要将页面URL映射到页面数据。

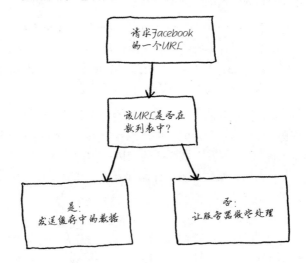

当你访问Facebook的页面时，它首先检查散列表中是否存储了该页面。

具体的代码如下。

```
cache = {}

def get_page(url):
    if cache.get(url):
        return cache[url]        ◄·············· 返回缓存的数据
    else:
        data = get_data_from_server(url)
        cache[url] = data        ◄·············· 先将数据保存到缓存中
        return data
```

仅当URL不在缓存中时，你才让服务器做些处理，并将处理生成的数据存储到缓存中，再返回它。这样，当下次有人请求该URL时，你就可以直接发送缓存中的数据，而不用再让服务器进行处理了。

5.2.4 小结

这里总结一下，散列表适合用于：

❑ 模拟映射关系；
❑ 防止重复；
❑ 缓存/记住数据，以免服务器再通过处理来生成它们。

5.3 冲突

前面说过，大多数语言都提供了散列表实现，你不用知道如何实现它们。有鉴于此，我就不再过多地讨论散列表的内部原理，但你依然需要考虑性能！要明白散列表的性能，你得先搞清楚什么是冲突。本节和下一节将分别介绍冲突和性能。

首先，我撒了一个善意的谎。我之前告诉你的是，散列函数总是将不同的键映射到数组的不同位置。

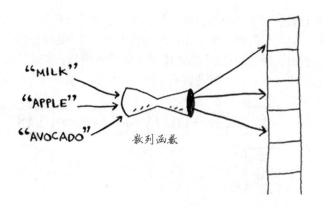

实际上，几乎不可能编写出这样的散列函数。我们来看一个简单的示例。假设你有一个数组，它包含26个位置。

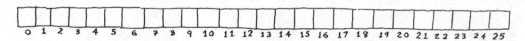

而你使用的散列函数非常简单，它按字母表顺序分配数组的位置。

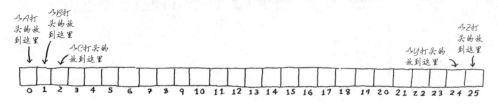

你可能已经看出了问题。如果你要将苹果的价格存储到散列表中，分配给你的是第一个位置。

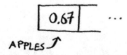

接下来，你要将香蕉的价格存储到散列表中，分配给你的是第二个位置。

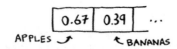

一切顺利！但现在你要将鳄梨的价格存储到散列表中，分配给你的又是第一个位置。

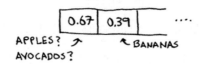

不好，这个位置已经存储了苹果的价格！怎么办？这种情况被称为冲突（collision）：给两个键分配的位置相同。这是个问题。如果你将鳄梨的价格存储到这个位置，将覆盖苹果的价格，以后再查询苹果的价格时，得到的将是鳄梨的价格！冲突很糟糕，必须要避免。处理冲突的方式很多，最简单的办法如下：如果两个键映射到了同一个位置，就在这个位置存储一个链表。

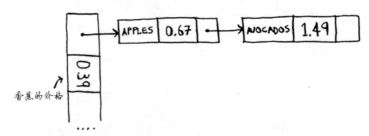

在这个例子中，apple和avocado映射到了同一个位置，因此在这个位置存储一个链表。在需要查询香蕉的价格时，速度依然很快。但在需要查询苹果的价格时，速度要慢些：你必须在相应的链表中找到apple。如果这个链表很短，也没什么大不了——只需搜索三四个元素。但是，假设你工作的杂货店只销售名称以字母A打头的商品。

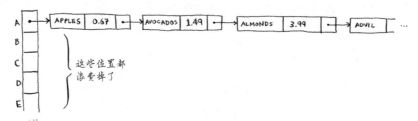

等等！除第一个位置外，整个散列表都是空的，而第一个位置包含一个很长的列表！换言之，这个散列表中的所有元素都在这个链表中，这与一开始就将所有元素存储到一个链表中一样糟糕：散列表的速度会很慢。

这里的经验教训有两个。

❑ 散列函数很重要。前面的散列函数将所有的键都映射到一个位置，而最理想的情况是，散列函数将键均匀地映射到散列表的不同位置。

❑ 如果散列表存储的链表很长，散列表的速度将急剧下降。然而，如果使用的散列函数很好，这些链表就不会很长！

散列函数很重要，好的散列函数很少导致冲突。那么，如何选择好的散列函数呢？这将在下一节介绍！

5.4 性能

本章开头是假设你在杂货店工作。你想打造一个让你能够迅速获悉商品价格的工具，而散列表的速度确实很快。

在平均情况下，散列表执行各种操作的时间都为$O(1)$。$O(1)$被称为常量时间。你以前没有见过常量时间，它并不意味着马上，而是说不管散列表多大，所需的时间都相同。例如，你知道的，简单查找的运行时间为线性时间。

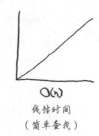

	平均情况	最糟情况
查找	$O(1)$	$O(n)$
插入	$O(1)$	$O(n)$
删除	$O(1)$	$O(n)$

散列表的性能

$O(n)$

线性时间
（简单查找）

二分查找的速度更快，所需时间为对数时间。

$O(\log n)$

对数时间
（二分查找）

在散列表中查找所花费的时间为常量时间。

$O(1)$

常量时间
（散列表）

一条水平线，看到了吧？这意味着无论散列表包含一个元素还是10亿个元素，从其中获取数据所需的时间都相同。实际上，你以前见过常量时间——从数组中获取一个元素所需的时间就是固定的：不管数组多大，从中获取一个元素所需的时间都是相同的。在平均情况下，散列表的速度确实很快。

在最糟情况下，散列表所有操作的运行时间都为 $O(n)$——线性时间，这真的很慢。我们来将散列表同数组和链表比较一下。

	散列表（平均情况）	散列表（最糟情况）	数组	链表
查找	$O(1)$	$O(n)$	$O(1)$	$O(n)$
插入	$O(1)$	$O(n)$	$O(n)$	$O(1)$
删除	$O(1)$	$O(n)$	$O(n)$	$O(1)$

在平均情况下，散列表的查找（获取给定索引处的值）速度与数组一样快，而插入和删除速度与链表一样快，因此它兼具两者的优点！但在最糟情况下，散列表的各种操作的速度都很慢。因此，在使用散列表时，避开最糟情况至关重要。为此，需要避免冲突。而要避免冲突，需要有：

- 较低的填装因子；
- 良好的散列函数。

说　明

接下来的内容并非必读的，我将讨论如何实现散列表，但你根本就不需要这样做。不管你使用的是哪种编程语言，其中都内置了散列表实现。你可使用内置的散列表，并假定其性能良好。下面带你去看看幕后的情况。

5.4.1　填装因子

散列表的填装因子很容易计算。

$$\frac{\text{散列表包含的元素数}}{\text{位置总数}}$$

散列表使用数组来存储数据，因此你需要计算数组中被占用的位置数。例如，下述散列表的填装因子为2/5，即0.4。

已占用的位置

填装因子 = 2/5

下面这个散列表的填装因子为多少呢？

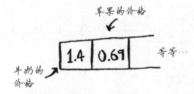

填装因子

如果你的答案为1/3，那就对了。填装因子度量的是散列表中有多少位置是空的。

假设你要在散列表中存储100种商品的价格，而该散列表包含100个位置。那么在最佳情况下，每个商品都将有自己的位置。

苹果的价格

牛奶的价格

等等…

这个散列表的填装因子为1。如果这个散列表只有50个位置呢？填充因子将为2。不可能让每种商品都有自己的位置，因为没有足够的位置！填装因子大于1意味着商品数量超过了数组的位置数。一旦填装因子开始增大，你就需要在散列表中添加位置，这被称为调整长度（resizing）。例如，假设有一个像下面这样相当满的散列表。

填装因子 = 3/4

你就需要调整它的长度。为此，你首先创建一个更长的新数组：通常将数组增长一倍。

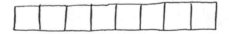

接下来，你需要使用函数hash将所有的元素都插入到这个新的散列表中。

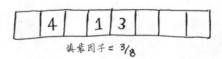

填装因子 = 3/8

这个新散列表的填装因子为3/8，比原来低多了！填装因子越低，发生冲突的可能性越小，散列表的性能越高。一个不错的经验规则是：一旦填装因子大于0.7，就调整散列表的长度。

你可能在想，调整散列表长度的工作需要很长时间！你说得没错，调整长度的开销很大，因此你不会希望频繁地这样做。但平均而言，即便考虑到调整长度所需的时间，散列表操作所需的时间也为$O(1)$。

5.4.2   良好的散列函数

良好的散列函数让数组中的值呈均匀分布。

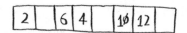

糟糕的散列函数让值扎堆，导致大量的冲突。

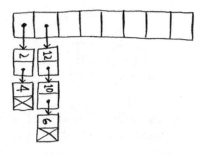

什么样的散列函数是良好的呢？你根本不用操心——天塌下来有高个子顶着。如果你好奇，可研究一下SHA函数（本书最后一章做了简要的介绍）。你可将它用作散列函数。

练习

散列函数的结果必须是均匀分布的，这很重要。它们的映射范围必须尽可能大。最糟糕的散列函数莫过于将所有输入都映射到散列表的同一个位置。

假设你有四个处理字符串的散列函数。

A. 不管输入是什么，都返回1。

B. 将字符串的长度用作索引。

C. 将字符串的第一个字符用作索引。即将所有以a打头的字符串都映射到散列表的同一个位置，以此类推。

D. 将每个字符都映射到一个素数：a = 2，b = 3，c = 5，d = 7，e = 11，等等。对于给定的字符串，这个散列函数将其中每个字符对应的素数相加，再计算结果除以散列表长度的余数。例如，如果散列表的长度为10，字符串为bag，则索引为(3 + 2 + 17) % 10 = 22 % 10 = 2。

在下面的每个示例中，上述哪个散列函数可实现均匀分布？假设散列表的长度为10。

5.5 将姓名和电话号码分别作为键和值的电话簿，其中联系人姓名为Esther、Ben、Bob和Dan。

5.6 电池尺寸到功率的映射，其中电池尺寸为A、AA、AAA和AAAA。

5.7 书名到作者的映射，其中书名分别为*Maus*、*Fun Home*和*Watchmen*。

5.5 小结

你几乎根本不用自己去实现散列表，因为你使用的编程语言提供了散列表实现。你可使用Python提供的散列表，并假定能够获得平均情况下的性能：常量时间。

散列表是一种功能强大的数据结构，其操作速度快，还能让你以不同的方式建立数据模型。你可能很快会发现自己经常在使用它。

- ❑ 你可以结合散列函数和数组来创建散列表。
- ❑ 冲突很糟糕，你应使用可以最大限度减少冲突的散列函数。
- ❑ 散列表的查找、插入和删除速度都非常快。
- ❑ 散列表适合用于模拟映射关系。
- ❑ 一旦填装因子超过0.7，就该调整散列表的长度。
- ❑ 散列表可用于缓存数据（例如，在Web服务器上）。
- ❑ 散列表非常适合用于防止重复。

第6章

广度优先搜索

本章内容

❑ 学习使用新的数据结构图来建立网络模型。

❑ 学习广度优先搜索，你可对图使用这种算法回答诸如"到X的最短路径是什么"等问题。

❑ 学习有向图和无向图。

❑ 学习拓扑排序，这种排序算法指出了节点之间的依赖关系。

本章将介绍图。首先，我将说说什么是图（它们不涉及X轴和Y轴），再介绍第一种图算法——广度优先搜索（breadth-first search，BFS）。

广度优先搜索让你能够找出两样东西之间的最短距离，不过最短距离的含义有很多！使用广度优先搜索可以：

❑ 编写国际跳棋AI，计算最少走多少步就可获胜；

❑ 编写拼写检查器，计算最少编辑多少个地方就可将错拼的单词改成正确的单词，如将READED改为READER需要编辑一个地方；

❑ 根据你的人际关系网络找到关系最近的医生。

在我所知道的算法中，图算法应该是最有用的。请务必仔细阅读接下来的几章，这些算法你将经常用到。

6.1　图简介

　　假设你居住在旧金山，要从双子峰前往金门大桥。你想乘公交车前往，并希望换乘最少。可乘坐的公交车如下。

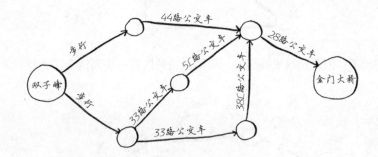

　　为找出换乘最少的乘车路线，你将使用什么样的算法？

　　一步就能到达金门大桥吗？下面突出了所有一步就能到达的地方。

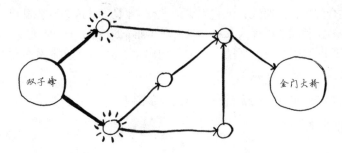

　　金门大桥未突出，因此一步无法到达那里。两步能吗？

6

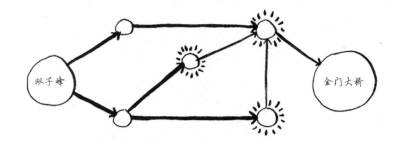

金门大桥也未突出，因此两步也到不了。三步呢？

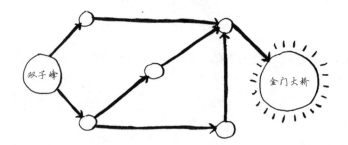

金门大桥突出了！因此从双子峰出发，可沿下面的路线三步到达金门大桥。

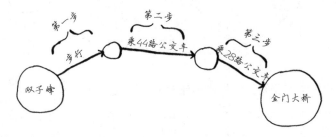

　　还有其他前往金门大桥的路线，但它们更远（需要四步）。这个算法发现，前往金门大桥的最短路径需要三步。这种问题被称为最短路径问题（shortest-path problem）。你经常要找出最短路径，这可能是前往朋友家的最短路径，也可能是国际象棋中把对方将死的最少步数。解决最短路径问题的算法被称为广度优先搜索。

　　要确定如何从双子峰前往金门大桥，需要两个步骤。

　　(1) 使用图来建立问题模型。

　　(2) 使用广度优先搜索解决问题。

　　下面介绍什么是图，然后再详细探讨广度优先搜索。

6.2 图是什么

图模拟一组连接。例如，假设你与朋友玩牌，并要模拟谁欠谁钱，可像下面这样指出Alex欠Rama钱。

完整的欠钱图可能类似于下面这样。

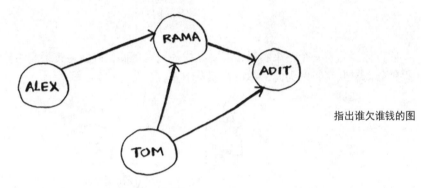

指出谁欠谁钱的图

Alex欠Rama钱，Tom欠Adit钱，等等。图由节点（node）和边（edge）组成。

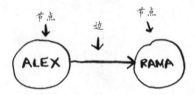

就这么简单! 图由节点和边组成。一个节点可能与众多节点直接相连，这些节点被称为邻居。在前面的欠钱图中，Rama是Alex的邻居。Adit不是Alex的邻居，因为他们不直接相连。但Adit既是Rama的邻居，又是Tom的邻居。

图用于模拟不同的东西是如何相连的。下面来看看广度优先搜索。

6.3 广度优先搜索

第1章介绍了一种查找算法——二分查找。广度优先搜索是一种用于图的查找算法，可帮助回答两类问题。

❑ 第一类问题：从节点A出发，有前往节点B的路径吗？

❑ 第二类问题：从节点A出发，前往节点B的哪条路径最短？

前面计算从双子峰前往金门大桥的最短路径时，你使用过广度优先搜索。这个问题属于第二类问题：哪条路径最短？下面来详细地研究这个算法，你将使用它来回答第一类问题：有路径吗？

假设你经营着一个芒果农场，需要寻找芒果销售商，以便将芒果卖给他。在Facebook，你与芒果销售商有联系吗？为此，你可在朋友中查找。

这种查找很简单。首先，创建一个朋友名单。

然后，依次检查名单中的每个人，看看他是否是芒果销售商。

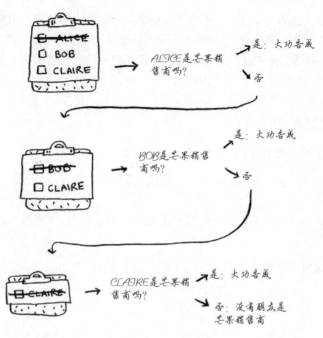

假设你没有朋友是芒果销售商，那么你就必须在朋友的朋友中查找。

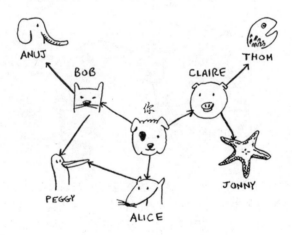

检查名单中的每个人时，你都将其朋友加入名单。

这样一来，你不仅在朋友中查找，还在朋友的朋友中查找。别忘了，你的目标是在你的人际关系网中找到一位芒果销售商。因此，如果Alice不是芒果销售商，就将其朋友也加入到名单中。这意味着你将在她的朋友、朋友的朋友等中查找。使用这种算法将搜遍你的整个人际关系网，直到找到芒果销售商。这就是广度优先搜索算法。

6.3.1　查找最短路径

再说一次，广度优先搜索可回答两类问题。

- ❏ 第一类问题：从节点A出发，有前往节点B的路径吗？（在你的人际关系网中，有芒果销售商吗？）
- ❏ 第二类问题：从节点A出发，前往节点B的哪条路径最短？（哪个芒果销售商与你的关系最近？）

刚才你看到了如何回答第一类问题，下面来尝试回答第二类问题——谁是关系最近的芒果销售商。例如，朋友是一度关系，朋友的朋友是二度关系。

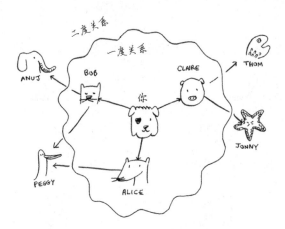

在你看来，一度关系胜过二度关系，二度关系胜过三度关系，以此类推。因此，你应先在一度关系中搜索，确定其中没有芒果销售商后，才在二度关系中搜索。广度优先搜索就是这样做的！在广度优先搜索的执行过程中，搜索范围从起点开始逐渐向外延伸，即先检查一度关系，再检查二度关系。顺便问一句：将先检查Claire还是Anuj呢？Claire是一度关系，而Anuj是二度关系，因此将先检查Claire，后检查Anuj。

你也可以这样看，一度关系在二度关系之前加入查找名单。

你按顺序依次检查名单中的每个人，看看他是否是芒果销售商。这将先在一度关系中查找，再在二度关系中查找，因此找到的是关系最近的芒果销售商。广度优先搜索不仅查找从A到B的路径，而且找到的是最短的路径。

注意，只有按添加顺序查找时，才能实现这样的目的。换句话说，如果Claire先于Anuj加入名单，就需要先检查Claire，再检查Anuj。如果Claire和Anuj都是芒果销售商，而你先检查Anuj再检查Claire，结果将如何呢？找到的芒果销售商并非是与你关系最近的，因为Anuj是你朋友的朋友，而Claire是你的朋友。因此，你需要按添加顺序进行检查。有一个可实现这种目的的数据结构，那就是队列（queue）。

6.3.2 队列

队列的工作原理与现实生活中的队列完全相同。假设你与朋友一起在公交车站排队，如果你排在他前面，你将先上车。队列的工作原理与此相同。队列类似于栈，你不能随机地访问队列中的元素。队列只支持两种操作：入队和出队。

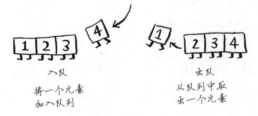

如果你将两个元素加入队列，先加入的元素将在后加入的元素之前出队。因此，你可使用队列来表示查找名单！这样，先加入的人将先出队并先被检查。

队列是一种先进先出（First In First Out，FIFO）的数据结构，而栈是一种后进先出（Last In First Out，LIFO）的数据结构。

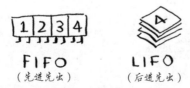

知道队列的工作原理后，我们来实现广度优先搜索！

练习

对于下面的每个图，使用广度优先搜索算法来找出答案。

6.1 找出从起点到终点的最短路径的长度。

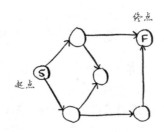

6.2 找出从cab到bat的最短路径的长度。

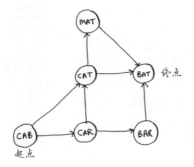

6.4 实现图

首先，需要使用代码来实现图。图由多个节点组成。

每个节点都与邻近节点相连，如果表示类似于"你→Bob"这样的关系呢？好在你知道的一种结构让你能够表示这种关系，它就是散列表！

记住，散列表让你能够将键映射到值。在这里，你要将节点映射到其所有邻居。

表示这种映射关系的Python代码如下。

```
graph = {}
graph["you"] = ["alice", "bob", "claire"]
```

注意,"你"被映射到了一个数组,因此graph["you"]是一个数组,其中包含了"你"的所有邻居。

图不过是一系列的节点和边,因此在Python中,只需使用上述代码就可表示一个图。那像下面这样更大的图呢?

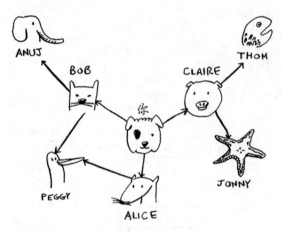

表示它的Python代码如下。

```
graph = {}
graph["you"] = ["alice", "bob", "claire"]
graph["bob"] = ["anuj", "peggy"]
graph["alice"] = ["peggy"]
graph["claire"] = ["thom", "jonny"]
graph["anuj"] = []
graph["peggy"] = []
graph["thom"] = []
graph["jonny"] = []
```

顺便问一句:键-值对的添加顺序重要吗?换言之,如果你这样编写代码:

```
graph["claire"] = ["thom", "jonny"]
graph["anuj"] = []
```

而不是这样编写代码:

```
graph["anuj"] = []
graph["claire"] = ["thom", "jonny"]
```

对结果有影响吗?

只要回顾一下前一章介绍的内容,你就知道没影响。散列表是无序的,因此添加键-值对的顺序无关紧要。

Anuj、Peggy、Thom和Jonny都没有邻居，这是因为虽然有指向他们的箭头，但没有从他们出发指向其他人的箭头。这被称为有向图（directed graph），其中的关系是单向的。因此，Anuj是Bob的邻居，但Bob不是Anuj的邻居。无向图（undirected graph）没有箭头，直接相连的节点互为邻居。例如，下面两个图是等价的。

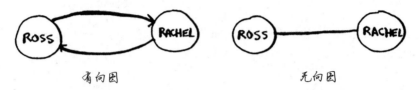

有向图 　　　　　　　　 无向图

6.5 实现算法

先概述一下这种算法的工作原理。

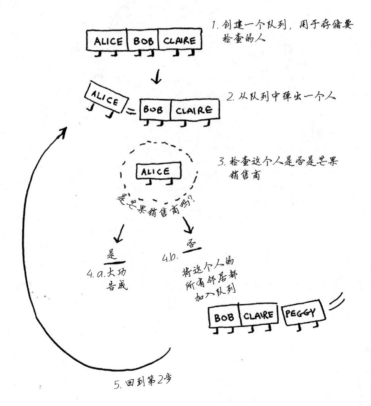

首先，创建一个队列。在Python中，可使用函数deque来创建一个双端队列。

```
from collections import deque
search_queue = deque()          ◄··········· 创建一个队列
search_queue += graph["you"]    ◄··········· 将你的邻居都加入到这个搜索队列中
```

别忘了，graph["you"]是一个数组，其中包含你的所有邻居，如["alice", "bob",
"claire"]。这些邻居都将加入到搜索队列中。

下面来看看其他的代码。

```
while search_queue:            ◄········· 只要队列不为空，
    person = search_queue.popleft()   ◄········· 就取出其中的第一个人
    if person_is_seller(person):  ◄········· 检查这个人是否是芒果销售商
        print person + " is a mango seller!"  ◄········· 是芒果销售商
        return True
    else:
        search_queue += graph[person]  ◄········· 不是芒果销售商。将这个
return False  ◄········· 如果到了这里，就说明         人的朋友都加入搜索队列
           队列中没人是芒果销售商
```

最后，你还需编写函数person_is_seller，判断一个人是不是芒果销售商，如下所示。

```
def person_is_seller(name):
    return name[-1] == 'm'
```

这个函数检查人的姓名是否以m结尾：如果是，他就是芒果销售商。这种判断方法有点搞笑，
但就这个示例而言是可行的。下面来看看广度优先搜索的执行过程。

...等等...

这个算法将不断执行，直到满足以下条件之一：

❑ 找到一位芒果销售商；
❑ 队列变成空的，这意味着你的人际关系网中没有芒果销售商。

Peggy既是Alice的朋友又是Bob的朋友，因此她将被加入队列两次：一次是在添加Alice的朋友时，另一次是在添加Bob的朋友时。因此，搜索队列将包含两个Peggy。

Peggy在搜索队列中出现了两次

但你只需检查Peggy一次，看她是不是芒果销售商。如果你检查两次，就做了无用功。因此，检查完一个人后，应将其标记为已检查，且不再检查他。

如果不这样做，就可能会导致无限循环。假设你的人际关系网类似于下面这样。

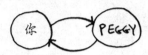

一开始，搜索队列包含你的所有邻居。

现在你检查Peggy。她不是芒果销售商，因此你将其所有邻居都加入搜索队列。

接下来，你检查自己。你不是芒果销售商，因此你将你的所有邻居都加入搜索队列。

以此类推。这将形成无限循环，因为搜索队列将在包含你和包含Peggy之间反复切换。

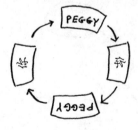

检查一个人之前，要确认之前没检查过他，这很重要。为此，你可使用一个列表来记录检查过的人。

考虑到这一点后，广度优先搜索的最终代码如下。

```
def search(name):
    search_queue = deque()
    search_queue += graph[name]
    searched = []      ◄------------------------- 这个数组用于记录检查过的人
    while search_queue:
        person = search_queue.popleft()
        if person not in searched:    ◄--------------- 仅当这个人没检查过时才检查
            if person_is_seller(person):
                print person + " is a mango seller!"
                return True
            else:
                search_queue += graph[person]
                searched.append(person)    ◄---------- 将这个人标记为检查过
    return False
```

search("you")

请尝试运行这些代码，看看其输出是否符合预期。你也许应该将函数person_is_seller
改为更有意义的名称。

运行时间

如果你在你的整个人际关系网中搜索芒果销售商，就意味着你将沿每条边前行（记住，边是
从一个人到另一个人的箭头或连接），因此运行时间至少为O(边数)。

你还使用了一个队列，其中包含要检查的每个人。将一个人添加到队列需要的时间是固定的，
即为$O(1)$，因此对每个人都这样做需要的总时间为O(人数)。所以，广度优先搜索的运行时间为
O(人数 + 边数)，这通常写作$O(V + E)$，其中V为顶点（vertice）数，E为边数。

练习

下面的小图说明了我早晨起床后要做的事情。

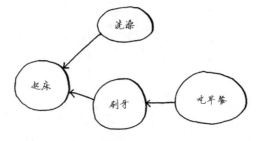

该图指出，我不能没刷牙就吃早餐，因此"吃早餐"依赖于"刷牙"。

另一方面，洗澡不依赖于刷牙，因为我可以先洗澡再刷牙。根据这个图，可创建一个列表，
指出我需要按什么顺序完成早晨起床后要做的事情：

(1) 起床

(2) 洗澡

(3) 刷牙

(4) 吃早餐

请注意，"洗澡"可随便移动，因此下面的列表也可行：

(1) 起床

(2) 刷牙

(3) 洗澡

(4) 吃早餐

6.3 请问下面的三个列表哪些可行、哪些不可行？

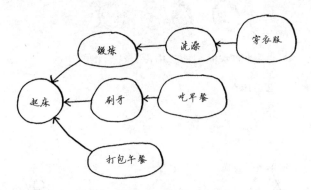

A.
1. 起床
2. 洗澡
3. 吃早餐
4. 刷牙

B.
1. 起床
2. 刷牙
3. 吃早餐
4. 洗澡

C.
1. 洗澡
2. 起床
3. 刷牙
4. 吃早餐

6.4 下面是一个更大的图，请根据它创建一个可行的列表。

从某种程度上说，这种列表是有序的。如果任务A依赖于任务B，在列表中任务A就必须在任务B后面。这被称为拓扑排序，使用它可根据图创建一个有序列表。假设你正在规划一场婚礼，并有一个很大的图，其中充斥着需要做的事情，但却不知道要从哪里开始。这时就可使用拓扑排序来创建一个有序的任务列表。

假设你有一个家谱。

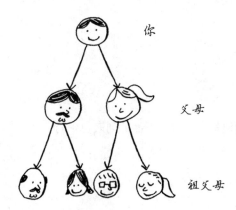

这是一个图，因为它由节点（人）和边组成。其中的边从一个节点指向其父母，但所有的边都往下指。在家谱中，往上指的边不合情理！因为你父亲不可能是你祖父的父亲！

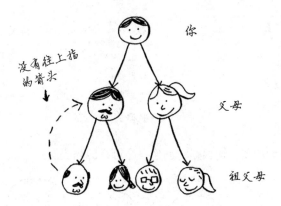

这种图被称为树。树是一种特殊的图，其中没有往后指的边。

6.5   请问下面哪个图也是树？

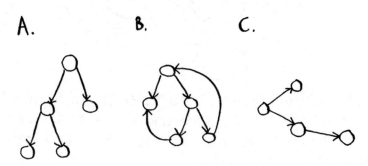

6.6 小结

- 广度优先搜索指出是否有从A到B的路径。
- 如果有，广度优先搜索将找出最短路径。
- 面临类似于寻找最短路径的问题时，可尝试使用图来建立模型，再使用广度优先搜索来解决问题。
- 有向图中的边为箭头，箭头的方向指定了关系的方向，例如，rama→adit表示rama欠adit钱。
- 无向图中的边不带箭头，其中的关系是双向的，例如，ross - rachel表示"ross与rachel约会，而rachel也与ross约会"。
- 队列是先进先出（FIFO）的。
- 栈是后进先出（LIFO）的。
- 你需要按加入顺序检查搜索列表中的人，否则找到的就不是最短路径，因此搜索列表必须是队列。
- 对于检查过的人，务必不要再去检查，否则可能导致无限循环。

第 7 章

狄克斯特拉算法

本章内容

❏ 继续图的讨论，介绍加权图——提高或降低某些边的权重。

❏ 介绍狄克斯特拉算法，让你能够找出加权图中前往X的最短路径。

❏ 介绍图中的环，狄克斯特拉算法不适用于此。

在前一章，你找出了从A点到B点的路径。

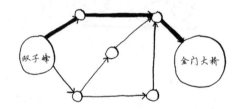

这是最短路径，因为段数最少——只有三段，但不一定是最快路径。如果给这些路段加上时间，你将发现有更快的路径。

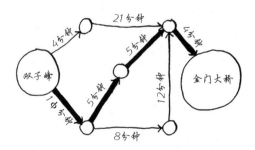

你在前一章使用了广度优先搜索，它找出的是段数最少的路径（如第一个图所示）。如果你要找出最快的路径（如第二个图所示），该如何办呢？为此，可使用另一种算法——狄克斯特拉算法（Dijkstra's algorithm）。

7.1 使用狄克斯特拉算法

下面来看看如何对下面的图使用这种算法。

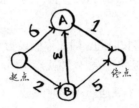

其中每个数字表示的都是时间，单位分钟。为找出从起点到终点耗时最短的路径，你将使用狄克斯特拉算法。

如果你使用广度优先搜索，将得到下面这条段数最少的路径。

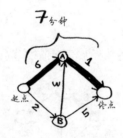

这条路径耗时7分钟。下面来看看能否找到耗时更短的路径！狄克斯特拉算法包含4个步骤。

(1) 找出"最便宜"的节点，即可在最短时间内到达的节点。

(2) 更新该节点的邻居的开销，其含义将稍后介绍。

(3) 重复这个过程，直到对图中的每个节点都这样做了。

(4) 计算最终路径。

第一步：找出最便宜的节点。你站在起点，不知道该前往节点A还是前往节点B。前往这两个节点都要多长时间呢？

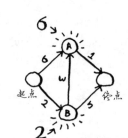

前往节点A需要6分钟，而前往节点B需要2分钟。至于前往其他节点，你还不知道需要多长时间。

节点	耗时
A	6
B	2
终点	∞

由于你还不知道前往终点需要多长时间，因此你假设为无穷大（这样做的原因你马上就会明白）。节点B是最近的——2分钟就能达到。

第二步：计算经节点B前往其各个邻居所需的时间。

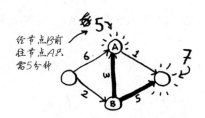

经节点B前往节点A只需5分钟

节点	耗时
A	~~6~~5
B	2
终点	7

你刚找到了一条前往节点A的更短路径！直接前往节点A需要6分钟。

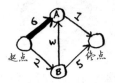

但经由节点B前往节点A只需5分钟！

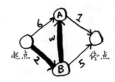

对于节点B的邻居，如果找到前往它的更短路径，就更新其开销。在这里，你找到了：

- □ 前往节点A的更短路径（时间从6分钟缩短到5分钟）；
- □ 前往终点的更短路径（时间从无穷大缩短到7分钟）。

第三步：重复！

重复第一步：找出可在最短时间内前往的节点。你对节点B执行了第二步，除节点B外，可在最短时间内前往的节点是节点A。

节点	耗时
A	5 ←
B	2
终点	7

重复第二步：更新节点A的所有邻居的开销。

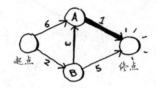

你发现前往终点的时间为6分钟！

你对每个节点都运行了狄克斯特拉算法（无需对终点这样做）。现在，你知道：

❑ 前往节点B需要2分钟；
❑ 前往节点A需要5分钟；
❑ 前往终点需要6分钟。

节点	耗时
A	5
B	2
终点	6

最后一步——计算最终路径将留到下一节去介绍，这里先直接将最终路径告诉你。

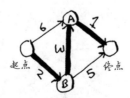

如果使用广度优先搜索，找到的最短路径将不是这条，因为这条路径包含3段，而有一条从起点到终点的路径只有两段。

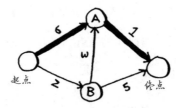

广度优先搜索找出的最短路径

在前一章，你使用了广度优先搜索来查找两点之间的最短路径，那时"最短路径"的意思是段数最少。在狄克斯特拉算法中，你给每段都分配了一个数字或权重，因此狄克斯特拉算法找出的是总权重最小的路径。

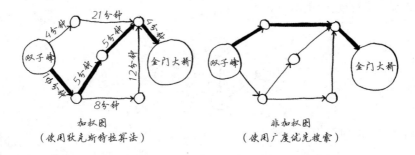

加权图　　　　　　　　　　　　　　非加权图
（使用狄克斯特拉算法）　　　　　（使用广度优先搜索）

这里重述一下，狄克斯特拉算法包含4个步骤。

(1) 找出最便宜的节点，即可在最短时间内前往的节点。

(2) 对于该节点的邻居，检查是否有前往它们的更短路径，如果有，就更新其开销。

(3) 重复这个过程，直到对图中的每个节点都这样做了。

(4) 计算最终路径。（下一节再介绍！）

7.2　术语

介绍其他狄克斯特拉算法使用示例前，先来澄清一些术语。

狄克斯特拉算法用于每条边都有关联数字的图，这些数字称为权重（weight）。

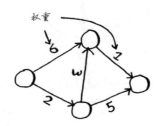

权重

带权重的图称为加权图（weighted graph），不带权重的图称为非加权图（unweighted graph）。

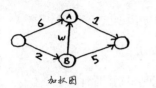

加权图

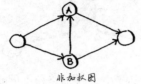

非加权图

要计算非加权图中的最短路径，可使用广度优先搜索。要计算加权图中的最短路径，可使用狄克斯特拉算法。图还可能有环，而环类似右面这样。

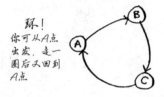

环！
你可从A点出发，走一圈后又回到A点

这意味着你可从一个节点出发，走一圈后又回到这个节点。假设在下面这个带环的图中，你要找出从起点到终点的最短路径。

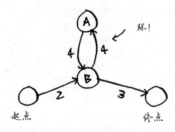

绕环前行是否合理呢？你可以选择避开环的路径。

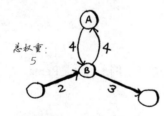

也可选择包含环的路径。

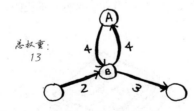

这两条路径都可到达终点，但环增加了权重。如果你愿意，甚至可绕环两次。

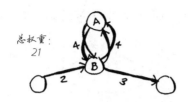

但每绕环一次，总权重都增加8。因此，绕环的路径不可能是最短的路径。

最后，还记得第6章对有向图和无向图的讨论吗？

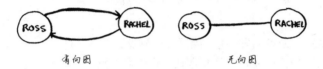

无向图意味着两个节点彼此指向对方，其实就是环！

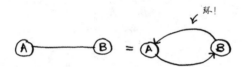

在无向图中，每条边都是一个环。狄克斯特拉算法只适用于有向无环图（directed acyclic graph，DAG）。

7.3　换钢琴

术语介绍得差不多了，我们再来看一个例子！这是Rama，想拿一本乐谱换架钢琴。

Alex说：“这是我最喜欢的乐队Destroyer的海报，我愿意拿它换你的乐谱。如果你再加5美元，还可拿乐谱换我这张稀有的Rick Astley黑胶唱片。”Amy说：“哇，我听说这张黑胶唱片里有首非常好听的歌曲，我愿意拿我的吉他和架子鼓换这张海报和黑胶唱片。”

Beethoven惊呼：“我一直想要吉他，我愿意拿我的钢琴换Amy的吉他或架子鼓。”

太好了！只要再花一点点钱，Rama就能拿乐谱换架钢琴。现在他需要确定的是，如何花最少的钱实现这个目标。我们来绘制一个图，列出大家的交换意愿。

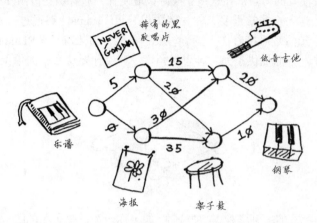

这个图中的节点是大家愿意拿出来交换的东西，边的权重是交换时需要额外加多少钱。拿海报换吉他需要额外加30美元，拿黑胶唱片换吉他需要额外加15美元。Rama需要确定采用哪种路径将乐谱换成钢琴时需要支付的额外费用最少。为此，可以使用狄克斯特拉算法！别忘了，狄克斯特拉算法包含四个步骤。在这个示例中，你将完成所有这些步骤，因此你也将计算最终路径。

动手之前，你需要做些准备工作：创建一个表格，在其中列出每个节点的开销。这里的开销指的是达到节点需要额外支付多少钱。

节点	开销
黑胶唱片	5
海报	∅
吉他	∞
架子鼓	∞
钢琴	∞

我们还不知道如何从起点前往这些节点

在执行狄克斯特拉算法的过程中，你将不断更新这个表。为计算最终路径，还需在这个表中添加表示父节点的列。

节点	父节点
黑胶唱片	乐谱
海报	乐谱
吉他	—
架子鼓	—
钢琴	—

这列的作用将稍后介绍。我们开始执行算法吧。

第一步：找出最便宜的节点。在这里，换海报最便宜，不需要支付额外的费用。还有更便宜的换海报的途径吗？这一点非常重要，你一定要想一想。Rama能够通过一系列交换得到海报，还能额外得到钱吗？想清楚后接着往下读。答案是不能，因为海报是Rama能够到达的最便宜的节点，没法再便宜了。下面提供了另一种思考角度。假设你要从家里去单位。

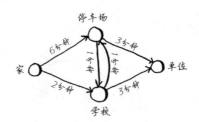

如果你走经过学校的路，到学校需要2分钟。如果你走经过停车场的路，到停车场需要6分钟。如果经停车场前往学校，能不能将时间缩短到少于2分钟呢？不可能，因为只前往停车场就需要6分钟。另一方面，有没有能更快到达停车场的路呢？有。

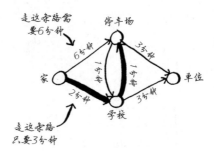

这就是狄克斯特拉算法背后的关键理念：找出图中最便宜的节点，并确保没有到该节点的更便宜的路径！

回到换钢琴的例子。换海报需要支付的额外费用最少。

第二步：计算前往该节点的各个邻居的开销。

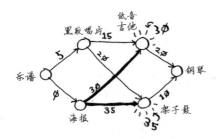

父节点	节点	开销
乐谱	黑胶唱片	5
乐谱	海报	0
海报	吉他	~~∞~~ 30
海报	架子鼓	~~∞~~ 35
——	钢琴	∞

现在的表中包含低音吉他和架子鼓的开销。这些开销是用海报交换它们时需要支付的额外费用，因此父节点为海报。这意味着，要到达低音吉他，需要沿从海报出发的边前行，对架子鼓来说亦如此。

父节点	节点	开销
乐谱	黑胶唱片	5
乐谱	海报	0
海报	吉他	30
海报	架子鼓	35
——	钢琴	∞

我们经"海报"前往这些节点

再次执行第一步：下一个最便宜的节点是黑胶唱片——需要额外支付5美元。

再次执行第二步：更新黑胶唱片的各个邻居的开销。

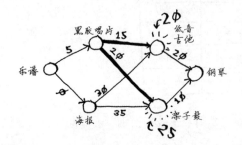

父节点	节点	开销
乐谱	黑胶唱片	5
乐谱	海报	0
黑胶唱片	吉他	30 : 20
黑胶唱片	架子鼓	35 : 25
——	钢琴	∞

你更新了架子鼓和吉他的开销！这意味着经"黑胶唱片"前往"架子鼓"和"吉他"的开销更低，因此你将这些乐器的父节点改为黑胶唱片。

下一个最便宜的是吉他，因此更新其邻居的开销。

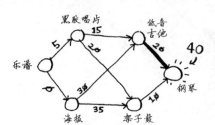

父节点	节点	开销
乐谱	黑胶唱片	5
乐谱	海报	0
黑胶唱片	吉他	20
黑胶唱片	架子鼓	25
吉他	钢琴	40

你终于计算出了用吉他换钢琴的开销，于是你将其父节点设置为吉他。最后，对最后一个节点——架子鼓，做同样的处理。

7

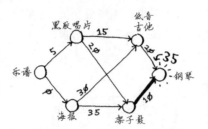

父节点	节点	开销
乐谱	黑胶唱片	5
乐谱	海报	Ø
黑胶唱片	吉他	2Ø
黑胶唱片	架子鼓	25
架子鼓	钢琴	35

如果用架子鼓换钢琴，Rama需要额外支付的费用更少。因此，采用最便宜的交换路径时，Rama需要额外支付35美元。

现在来兑现前面的承诺，确定最终的路径。当前，我们知道最短路径的开销为35美元，但如何确定这条路径呢？为此，先找出钢琴的父节点。

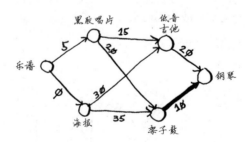

钢琴的父节点为架子鼓，这意味着Rama需要用架子鼓来换钢琴。因此你就沿着这一边。

我们来看看需要沿哪些边前行。钢琴的父节点为架子鼓。

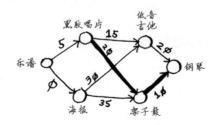

架子鼓的父节点为黑胶唱片。

因此Rama需要用黑胶唱片了换架子鼓。显然，他需要用乐谱来换黑胶唱片。通过沿父节点回溯，便得到了完整的交换路径。

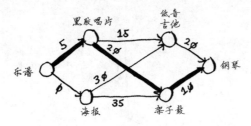

下面是Rama需要做的一系列交换。

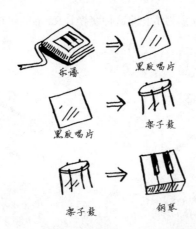

本章前面使用的都是术语最短路径的字面意思：计算两点或两人之间的最短路径。但希望这个示例让你明白：最短路径指的并不一定是物理距离，也可能是让某种度量指标最小。在这个示例中，最短路径指的是Rama想要额外支付的费用最少。这都要归功于狄克斯特拉！

7.4 负权边

在前面的交换示例中，Alex提供了两种可用乐谱交换的东西。

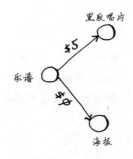

假设Sarah用海报交换了黑胶唱片，并且给了Rama额外的7美元。换句话说，Rama交换黑胶唱片时，不但不用支付任何费用，还可得7美元。对于这种情况，如何在图中表示出来呢？

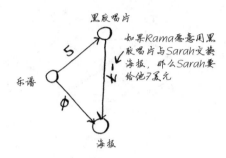

从黑胶唱片到海报的边的权重为负！即这种交换让Rama能够得到7美元。现在，Rama有两种获得海报的方式。

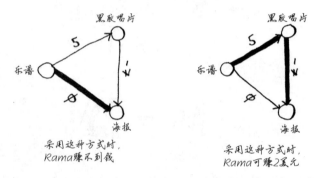

第二种方式更划算——Rama可赚2美元！你可能还记得，Rama可以用海报换架子鼓，但现在有两种换得架子鼓的方式。

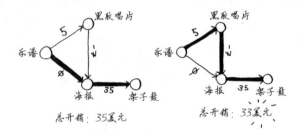

第二种方式的开销少2美元，他应采取这种方式。然而，如果你对这个图运行狄克斯特拉算法，Rama将选择错误的路径——更长的那条路径。如果有负权边，就不能使用狄克斯特拉算法。因为负权边会导致这种算法不管用。下面来看看对这个图执行狄克斯特拉算法的情况。首先，创建开销表。

接下来，找出开销最低的节点，并更新其邻居的开销。在这里，开销最低的节点是海报。根据狄克斯特拉算法，没有比不支付任何费用获得海报更便宜的方式。（你知道这并不对！）无论如何，我们来更新其邻居的开销。

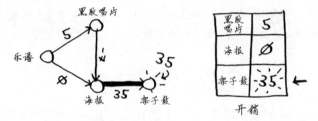

现在，架子鼓的开销变成了35美元。

我们来找出最便宜的未处理节点。

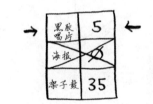

更新其邻居的开销。

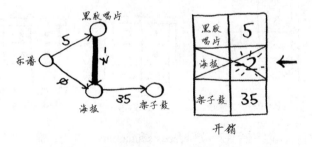

海报节点已处理过，这里却更新了它的开销。这是一个危险信号。节点一旦被处理，就意味着没有前往该节点的更便宜途径，但你刚才却找到了前往海报节点的更便宜途径！架子鼓没有任何邻居，因此算法到此结束，最终开销如下。

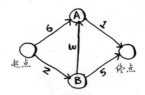

换得架子鼓的开销为35美元。你知道有一种交换方式只需33美元，但狄克斯特拉算法没有找到。这是因为狄克斯特拉算法这样假设：对于处理过的海报节点，没有前往该节点的更短路径。这种假设仅在没有负权边时才成立。因此，不能将狄克斯特拉算法用于包含负权边的图。在包含负权边的图中，要找出最短路径，可使用另一种算法——贝尔曼–福德算法（Bellman-Ford algorithm）。本书不介绍这种算法，你可以在网上找到其详尽的说明。

7.5　实现

下面来看看如何使用代码来实现狄克斯特拉算法，这里以下面的图为例。

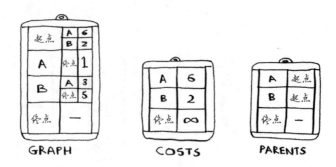

要编写解决这个问题的代码，需要三个散列表。

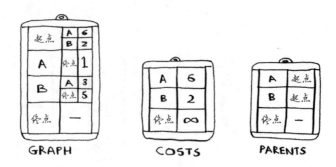

随着算法的进行，你将不断更新散列表costs和parents。首先，需要实现这个图，为此可像第6章那样使用一个散列表。

```
graph = {}
```

在前一章中，你像下面这样将节点的所有邻居都存储在散列表中。

```
graph["you"] = ["alice", "bob", "claire"]
```

但这里需要同时存储邻居和前往邻居的开销。例如，起点有两个邻居——A和B。

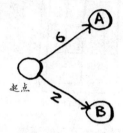

如何表示这些边的权重呢？为何不使用另一个散列表呢？

```
graph["start"] = {}
graph["start"]["a"] = 6
graph["start"]["b"] = 2
```

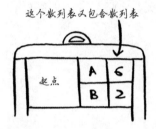

因此graph["start"]是一个散列表。要获取起点的所有邻居，可像下面这样做。

```
>>> print graph["start"].keys()
["a", "b"]
```

有一条从起点到A的边，还有一条从起点到B的边。要获悉这些边的权重，该如何办呢？

```
>>> print graph["start"]["a"]
6
>>> print graph["start"]["b"]
2
```

下面来添加其他节点及其邻居。

```
graph["a"] = {}
graph["a"]["fin"] = 1

graph["b"] = {}
graph["b"]["a"] = 3
graph["b"]["fin"] = 5

graph["fin"] = {}        ◀············· 终点没有任何邻居
```

表示整个图的散列表类似于下面这样。

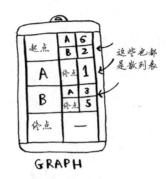

GRAPH

接下来，需要用一个散列表来存储每个节点的开销。

节点的开销指的是从起点出发前往该节点需要多长时间。你知道的，从起点到节点B需要2分钟，从起点到节点A需要6分钟（但你可能会找到所需时间更短的路径）。你不知道到终点需要多长时间。对于还不知道的开销，你将其设置为无穷大。在Python中能够表示无穷大吗？你可以这样做：

COSTS

```
infinity = float("inf")
```

创建开销表的代码如下：

```
infinity = float("inf")
costs = {}
costs["a"] = 6
costs["b"] = 2
costs["fin"] = infinity
```

还需要一个存储父节点的散列表：

PARENTS

创建这个散列表的代码如下：

```
parents = {}
parents["a"] = "start"
parents["b"] = "start"
parents["fin"] = None
```

最后，你需要一个数组，用于记录处理过的节点，因为对于同一个节点，你不用处理多次。

```
processed = []
```

准备工作做好了，下面来看看算法。

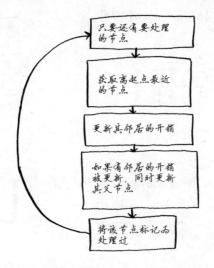

我先列出代码，然后再详细介绍。代码如下。

```
node = find_lowest_cost_node(costs)     在未处理的节点中找出开
while node is not None:                 销最小的节点
    cost = costs[node]                  这个while循环在所有节点都被处理过后结束
    neighbors = graph[node]
    for n in neighbors.keys():          遍历当前节点的所有邻居
        new_cost = cost + neighbors[n]
        if costs[n] > new_cost:         如果经当前节点前往该邻居更近，
            costs[n] = new_cost         就更新该邻居的开销
            parents[n] = node           同时将该邻居的父节点设置为当前节点
    processed.append(node)              将当前节点标记为处理过
    node = find_lowest_cost_node(costs) 找出接下来要处理的节点，并循环
```

这就是实现狄克斯特拉算法的Python代码！函数find_lowest_cost_node的代码稍后列出，我们先来看看这些代码的执行过程。

找出开销最低的节点。

$$节点 为 ``B" \rightarrow node = find\_lowest\_cost\_node(costs) \rightarrow$$

A	6
B	2
终点	∞

costs

获取该节点的开销和邻居。

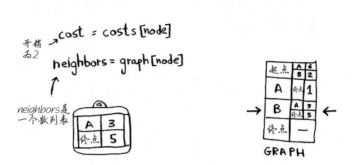

遍历邻居。

每个节点都有开销。开销指的是从起点前往该节点需要多长时间。在这里，你计算从起点出发，经节点B前往节点A（而不是直接前往节点A）需要多长时间。

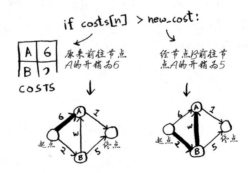

接下来对新旧开销进行比较。

找到了一条前往节点A的更短路径！因此更新节点A的开销。

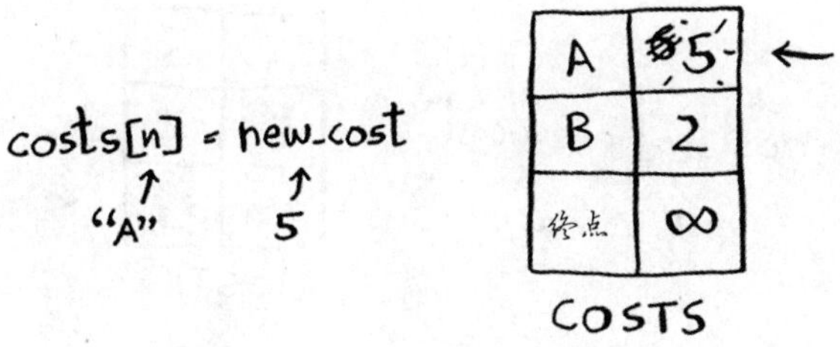
costs[n] = new_cost
"A"
5
A
5
B
2
终点
∞
COSTS

这条新路径经由节点B，因此节点A的父节点改为节点B。

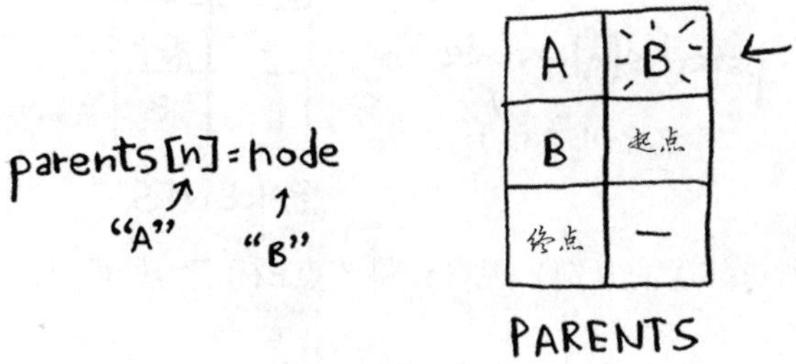
parents[n] = node
"A"
"B"
A
B
B
起点
终点
—
PARENTS

现在回到了`for`循环开头。下一个邻居是终点节点。

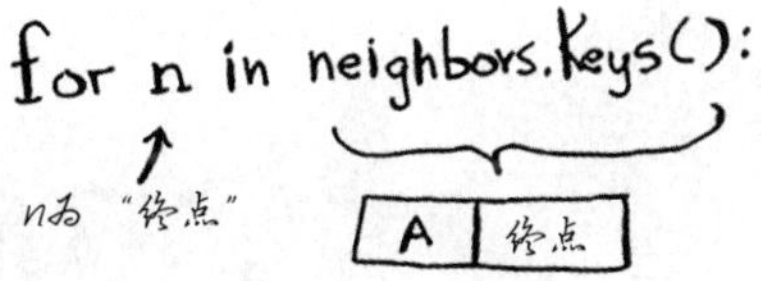
for n in neighbors.keys():
n为"终点"
A
终点

经节点B前往终点需要多长时间呢？

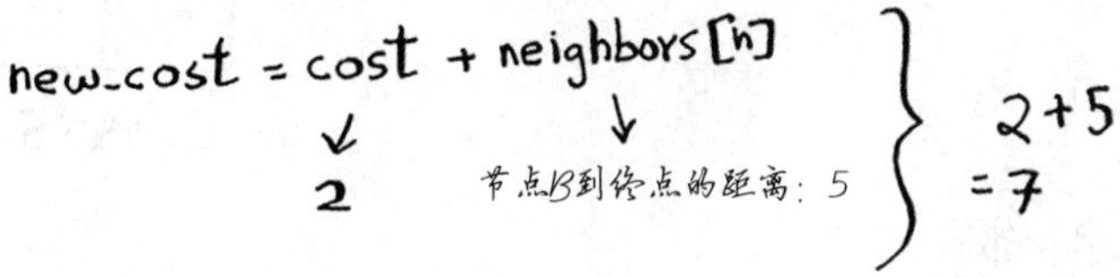
new_cost = cost + neighbors[n]
2
节点B到终点的距离：5
2+5
=7

需要7分钟。终点原来的开销为无穷大，比7分钟长。

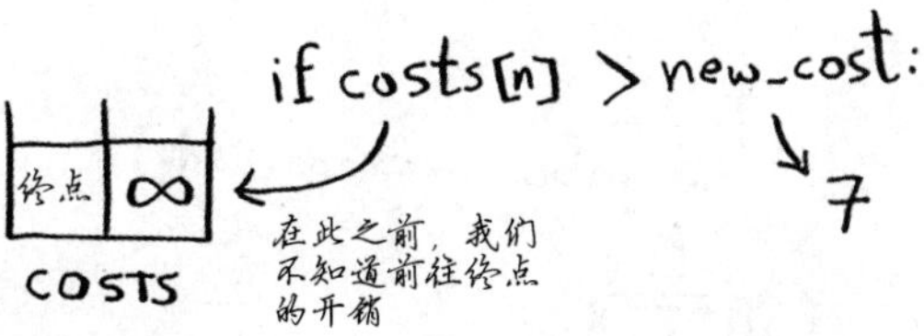
if costs[n] > new_cost:
终点
∞
COSTS
在此之前，我们不知道前往终点的开销
7

设置终点节点的开销和父节点。

$costs[n] = new\_cost$

"终点"   7

A	5
B	2
终点	~~7~~

COSTS

$parents[n] = node$

"终点"   "B"

A	B
B	起点
终点	B

PARENTS

你更新了节点B的所有邻居的开销。现在，将节点B标记为处理过。

$processed.append(node)$

"B"

处理过的节点 | B |

找出接下来要处理的节点。

未处理的最
便宜的节点

$node = find\_lowest\_cost\_node(costs)$

"A"

已处理的

A	5
B	2
终点	7

COSTS

获取节点A的开销和邻居。

$cost = costs[node]$

5

$neighbors = graph[node]$

| 终点 | 1 |

节点A只有一个邻居：终点节点。

$$\text{for n in neighbors.keys()}:$$

"终点"

终点

当前，前往终点需要7分钟。如果经节点A前往终点，需要多长时间呢?

$$\text{new\_cost} = \text{cost} + \text{neighbors[n]}$$

从起点到节点
A的开销：5

从节点A到终
点的距离：1

$$5 + 1 = 6$$

$$\text{if costs[n]} > \text{new\_cost}:$$

D	2
终点	7

COSTS

原来到终点
的开销：7

经节点A到终
点的开销：6

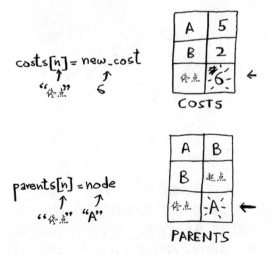

经节点A前往终点所需的时间更短！因此更新终点的开销和父节点。

$$\text{costs[n]} = \text{new\_cost}$$

"终点"   6

A	5
B	2
终点	~~7~~ 6

COSTS

$$\text{parents[n]} = \text{node}$$

"终点" "A"

A	B
B	起点
终点	A

PARENTS

7

处理所有的节点后，这个算法就结束了。希望前面对执行过程的详细介绍让你对这个算法有更深入的认识。函数find_lowest_cost_node找出开销最低的节点，其代码非常简单，如下所示。

```
def find_lowest_cost_node(costs):
    lowest_cost = float("inf")
    lowest_cost_node = None
    for node in costs:     ◄········ 遍历所有的节点
        cost = costs[node]                                            如果当前节点的开销更低
        if cost < lowest_cost and node not in processed:  ◄········   且未处理过，
            lowest_cost = cost ◄········ 就将其视为开销最低的节点
            lowest_cost_node = node
    return lowest_cost_node
```

练习

7.1 在下面的各个图中，从起点到终点的最短路径的总权重分别是多少？

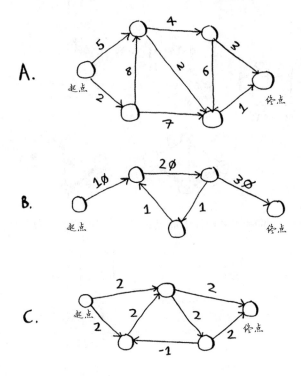

7.6   小结

- ❑ 广度优先搜索用于在非加权图中查找最短路径。
- ❑ 狄克斯特拉算法用于在加权图中查找最短路径。
- ❑ 仅当权重为正时狄克斯特拉算法才管用。
- ❑ 如果图中包含负权边，请使用贝尔曼–福德算法。

第8章 贪婪算法

本章内容

❑ 学习如何处理不可能完成的任务：没有快速算法的问题（NP完全问题）。

❑ 学习识别NP完全问题，以免浪费时间去寻找解决它们的快速算法。

❑ 学习近似算法，使用它们可快速找到NP完全问题的近似解。

❑ 学习贪婪策略——一种非常简单的问题解决策略。

8.1 教室调度问题

假设有如下课程表，你希望将尽可能多的课程安排在某间教室上。

课程	开始时间	结束时间
美术	9 AM	10 AM
英语	9:30 AM	10:30 AM
数学	10 AM	11 AM
计算机	10:30 AM	11:30 AM
音乐	11 AM	12 PM

你没法让这些课都在这间教室上，因为有些课的上课时间有冲突。

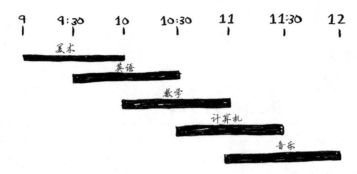

你希望在这间教室上尽可能多的课。如何选出尽可能多且时间不冲突的课程呢?

这个问题好像很难,不是吗? 实际上,算法可能简单得让你大吃一惊。具体做法如下。

(1) 选出结束最早的课,它就是要在这间教室上的第一堂课。

(2) 接下来,必须选择第一堂课结束后才开始的课。同样,你选择结束最早的课,这将是要在这间教室上的第二堂课。

重复这样做就能找出答案! 下面来试一试。美术课的结束时间最早,为10:00 a.m.,因此它就是第一堂课。

美术	9 AM	10 AM	✓
英语	4:30 AM	10:30 AM	
数学	10 AM	11 AM	
计算机	10:30 AM	11:30 AM	
音乐	11 AM	12 PM	

接下来的课必须在10:00 a.m.后开始,且结束得最早。

美术	9 AM	10 AM	✓
英语	4:30 AM	10:30 AM	✗
数学	10 AM	11 AM	✓
计算机	10:30 AM	11:30 AM	
音乐	11 AM	12 PM	

英语课不行,因为它的时间与美术课冲突,但数学课满足条件。最后,计算机课与数学课的时间是冲突的,但音乐课可以。

美术	9AM	10AM	✓
英语	9:30AM	10:30AM	✗
数学	10AM	11AM	✓
计算机	10:30AM	11:30AM	✗
音乐	11AM	12PM	✓

因此将在这间教室上如下三堂课。

很多人都跟我说，这个算法太容易、太显而易见，肯定不对。但这正是贪婪算法的优点——简单易行！贪婪算法很简单：每步都采取最优的做法。在这个示例中，你每次都选择结束最早的课。用专业术语说，就是你每步都选择局部最优解，最终得到的就是全局最优解。信不信由你，对于这个调度问题，上述简单算法找到的就是最优解！

显然，贪婪算法并非在任何情况下都行之有效，但它易于实现！下面再来看一个例子。

8.2 背包问题

假设你是个贪婪的小偷，背着可装35磅（1磅≈0.45千克）重东西的背包，在商场伺机盗窃各种可装入背包的商品。

你力图往背包中装入价值最高的商品，你会使用哪种算法呢？

同样，你采取贪婪策略，这非常简单。

(1) 盗窃可装入背包的最贵商品。

(2) 再盗窃还可装入背包的最贵商品，以此类推。

只是这次这种贪婪策略不好使了！例如，你可盗窃的商品有下面三种。

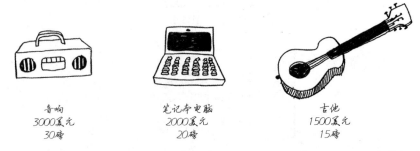

音响
3000美元
30磅

笔记本电脑
2000美元
20磅

吉他
1500美元
15磅

你的背包可装35磅的东西。音响最贵，你把它给偷了，但背包没有空间装其他东西了。

浪费了5磅的空间

背包容
量为
35磅

音响为
30磅

价值3000美元

你偷到了价值3000美元的东西。且慢！如果不是偷音响，而是偷笔记本电脑和吉他，总价将为3500美元！

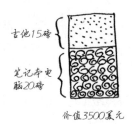

吉他15磅

笔记本电
脑20磅

价值3500美元

在这里，贪婪策略显然不能获得最优解，但非常接近。下一章将介绍如何找出最优解。不过小偷去购物中心行窃时，不会强求所偷东西的总价最高，只要差不多就行了。

从这个示例你得到了如下启示：在有些情况下，完美是优秀的敌人。有时候，你只需找到一个能够大致解决问题的算法，此时贪婪算法正好可派上用场，因为它们实现起来很容易，得到的结果又与正确结果相当接近。

练习

8.1　你在一家家具公司工作，需要将家具发往全国各地，为此你需要将箱子装上卡车。每个箱子的尺寸各不相同，你需要尽可能利用每辆卡车的空间，为此你将如何选择要装上卡车的箱子呢？请设计一种贪婪算法。使用这种算法能得到最优解吗？

8.2　你要去欧洲旅行，总行程为7天。对于每个旅游胜地，你都给它分配一个价值——表示你有多想去那里看看，并估算出需要多长时间。你如何将这次旅行的价值最大化？请设计一种贪婪算法。使用这种算法能得到最优解吗？

下面来看最后一个例子。在这个例子中，你别无选择，只能使用贪婪算法。

8.3　集合覆盖问题

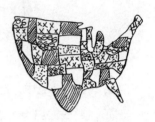

假设你办了个广播节目，要让全美50个州的听众都收听得到。为此，你需要决定在哪些广播台播出。在每个广播台播出都需要支付费用，因此你力图在尽可能少的广播台播出。现有广播台名单如下。

广播台	覆盖的州
KONE	ID,NV,UT
KTWO	WA,ID,MT
KTHREE	OR,NV,CA
KFOUR	NV,UT
KFIVE	CA,AZ

... 等等 ...

每个广播台都覆盖特定的区域，不同广播台的覆盖区域可能重叠。

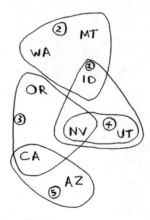

如何找出覆盖全美50个州的最小广播台集合呢？听起来很容易，但其实非常难。具体方法如下。

(1) 列出每个可能的广播台集合，这被称为幂集（power set）。可能的子集有2^n个。

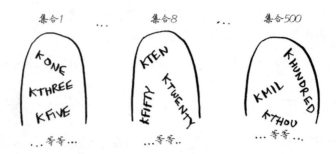

(2) 在这些集合中，选出覆盖全美50个州的最小集合。

问题是计算每个可能的广播台子集需要很长时间。由于可能的子集有2^n个，因此运行时间为$O(2^n)$。如果广播台不多，只有5～10个，这是可行的。但如果广播台很多，结果将如何呢？随着广播台的增多，需要的时间将激增。假设你每秒可计算10个子集，所需的时间将如下。

广播台数量	需要的时间
5	3.2 秒
10	102.4 秒
32	13.6 年
100	4×10^{21} 年

没有任何算法可以足够快地解决这个问题！怎么办呢？

近似算法

贪婪算法可化解危机！使用下面的贪婪算法可得到非常接近的解。

(1) 选出这样一个广播台，即它覆盖了最多的未覆盖州。即便这个广播台覆盖了一些已覆盖的州，也没有关系。

(2) 重复第一步，直到覆盖了所有的州。

这是一种近似算法（approximation algorithm）。在获得精确解需要的时间太长时，可使用近似算法。判断近似算法优劣的标准如下：

❑ 速度有多快；
❑ 得到的近似解与最优解的接近程度。

贪婪算法是不错的选择，它们不仅简单，而且通常运行速度很快。在这个例子中，贪婪算法的运行时间为$O(n^2)$，其中n为广播台数量。

下面来看看解决这个问题的代码。

1. 准备工作

出于简化考虑，这里假设要覆盖的州没有那么多，广播台也没有那么多。

首先，创建一个列表，其中包含要覆盖的州。

```
states_needed = set(["mt", "wa", "or", "id", "nv", "ut",
"ca", "az"])   ◀┈┈┈┈┈┈ 你传入一个数组，它被转换为集合
```

我使用集合来表示要覆盖的州。集合类似于列表，只是同样的元素只能出现一次，即集合不能包含重复的元素。例如，假设你有如下列表。

```
>>> arr = [1, 2, 2, 3, 3, 3]
```

并且你将其转换为集合。

```
>>> set(arr)
set([1, 2, 3])
```

在这个集合中，1、2和3都只出现一次。

$$[1,2,2,3,3,3] \longrightarrow \text{转换为集合} \longrightarrow (1,2,3)_{\text{集合}}$$

还需要有可供选择的广播台清单，我选择使用散列表来表示它。

```
stations = {}
stations["kone"] = set(["id", "nv", "ut"])
stations["ktwo"] = set(["wa", "id", "mt"])
stations["kthree"] = set(["or", "nv", "ca"])
stations["kfour"] = set(["nv", "ut"])
stations["kfive"] = set(["ca", "az"])
```

其中的键为广播台的名称，值为广播台覆盖的州。在该示例中，广播台kone覆盖了爱达荷州、内达华州和犹他州。所有的值都是集合。你马上将看到，使用集合来表示一切可以简化工作。

最后，需要使用一个集合来存储最终选择的广播台。

```
final_stations = set()
```

2. 计算答案

接下来需要计算要使用哪些广播台。根据右边的示意图，你能确定应使用哪些广播台吗？

正确的解可能有多个。你需要遍历所有的广播台，从中选择覆盖了最多的未覆盖州的广播台。我将这个广播台存储在best_station中。

```
best_station = None
states_covered = set()
for station, states_for_station in stations.items():
```

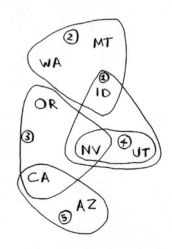

states_covered是一个集合，包含该广播台覆盖的所有未覆盖的州。for循环迭代每个广播台，并确定它是否是最佳的广播台。下面来看看这个for循环的循环体。

```
covered = states_needed & states_for_station  ◀········· 你没见过的语法！它计算交集
if len(covered) > len(states_covered):
    best_station = station
    states_covered = covered
```

其中有一行代码看起来很有趣。

```
covered = states_needed & states_for_station
```

它是做什么的呢？

3. 集合

假设你有一个水果集合。

水果

还有一个蔬菜集合。

蔬菜

有这两个集合后，你就可以使用它们来做些有趣的事情。

下面是你可以对集合执行的一些操作。

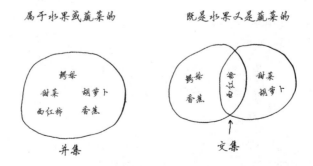

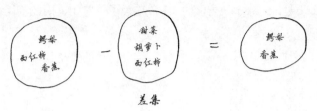

属于水果但不属于蔬菜的

差集

- 并集意味着将集合合并。
- 交集意味着找出两个集合中都有的元素（在这里，只有西红柿符合条件）。
- 差集意味着将从一个集合中剔除出现在另一个集合中的元素。

下面是一个例子。

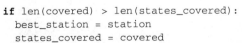

```
>>> fruits = set(["avocado", "tomato", "banana"])
>>> vegetables = set(["beets", "carrots", "tomato"])
>>> fruits | vegetables ◄·············· 并集
set(["avocado", "beets", "carrots", "tomato", "banana"])
>>> fruits & vegetables ◄·············· 交集
set(["tomato"])
>>> fruits - vegetables ◄·············· 差集
set(["avocado", "banana"])
>>> vegetables - fruits ◄·············· 你觉得这行代码是做什么的呢？
```

这里小结一下：

- 集合类似于列表，只是不能包含重复的元素；
- 你可执行一些有趣的集合运算，如并集、交集和差集。

4. 回到代码

回到前面的示例。

下面的代码计算交集。

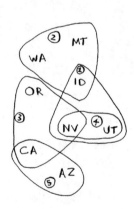

```
covered = states_needed & states_for_station
```

covered是一个集合，包含同时出现在states_needed和states_for_station中的州；换言之，它包含当前广播台覆盖的一系列还未覆盖的州！接下来，你检查该广播台覆盖的州是否比best_station多。

```
if len(covered) > len(states_covered):
    best_station = station
    states_covered = covered
```

如果是这样的，就将best_station设置为当前广播台。最后，你在for循环结束后将best_station添加到最终的广播台列表中。

8

```
final_stations.add(best_station)
```

你还需更新states_needed。由于该广播台覆盖了一些州，因此不用再覆盖这些州。

```
states_needed -= states_covered
```

你不断地循环，直到states_needed为空。这个循环的完整代码如下。

```
while states_needed:
  best_station = None
  states_covered = set()
  for station, states in stations.items():
    covered = states_needed & states
    if len(covered) > len(states_covered):
      best_station = station
      states_covered = covered


  states_needed -= states_covered
  final_stations.add(best_station)
```

最后，你打印final_stations，结果类似于下面这样。

```
>>> print final_stations
set(['ktwo', 'kthree', 'kone', 'kfive'])
```

结果符合你的预期吗？选择的广播台可能是2、3、4和5，而不是预期的1、2、3和5。下面来比较一下贪婪算法和精确算法的运行时间。

	$O(2^n)$	$O(n^2)$
广播台数量	精确算法	贪婪算法
5	3.2 秒	2.5 秒
10	102.4 秒	10 秒
32	13.6 年	102.4 秒
100	4×10^{21} 年	16.67 分钟

练习

下面各种算法是否是贪婪算法。

8.3 快速排序。

8.4 广度优先搜索。

8.5 狄克斯特拉算法。

8.4 NP 完全问题

为解决集合覆盖问题，你必须计算每个可能的集合。

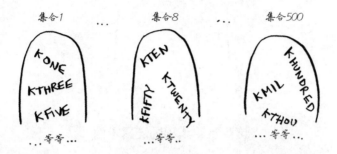

这可能让你想起了第1章介绍的旅行商问题。在这个问题中，旅行商需要前往5个不同的城市。

他需要找出前往这5个城市的最短路径，为此，必须计算每条可能的路径。

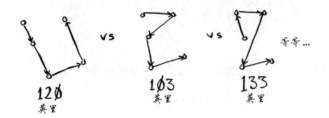

前往5个城市时，可能的路径有多少条呢？

8.4.1 旅行商问题详解

我们从城市数较少的情况着手。假设只涉及两个城市，因此可供选择的路线有两条。

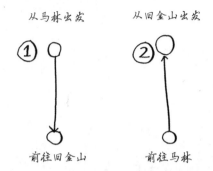

你可能认为这两条路线相同，难道从旧金山到马林的距离与从马林到旧金山的距离不同吗？不一定。有些城市（如旧金山）有很多单行线，因此你无法按原路返回。你可能需要离开原路行驶一两英里才能找到上高速的匝道。因此，这两条路线不一定相同。

你可能心存疑惑：在旅行商问题中，必须从特定的城市出发吗？例如，假设我是旅行商。我居住在旧金山，需要前往其他4个城市，因此我将从旧金山出发。

但有时候，不确定要从哪个城市出发。假设联邦快递将包裹从芝加哥发往湾区，包裹将通过航运发送到联邦快递在湾区的50个集散点之一，再装上经过不同配送点的卡车。该通过航运发送到哪个集散点呢？在这个例子中，起点就是未知的。因此，你需要通过计算为旅行商找出起点和最佳路线。

在这两种情况下，运行时间是相同的。但出发城市未定时更容易处理，因此这里以这种情况为例。

涉及两个城市时，可能的路线有两条。

1. 3个城市

现在假设再增加一个城市，可能的路线有多少条呢？

如果从伯克利出发，就需前往另外两个城市。

从伯克利出发

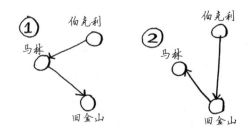

从每个城市出发时，都有两条不同的路线，因此总共有6条路线。

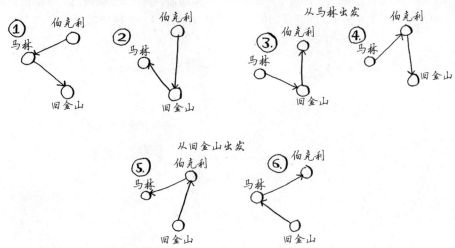

因此涉及3个城市时，可能的路线有6条。

2.4个城市

我们再增加一个城市——弗里蒙特。现在假设从弗里蒙特出发。

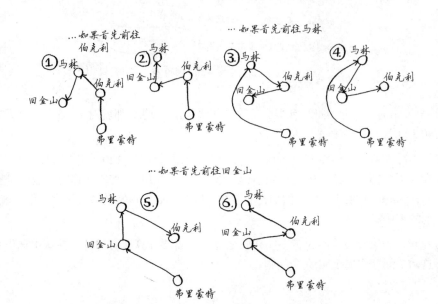

从弗里蒙特出发时，有6条可能的路线。这些路线与前面只有3个城市时计算的6条路线很像，只是现在所有的路线都多了一个城市——弗里蒙特！这里有一个规律。假设有4个城市，你选择一个出发城市——弗里蒙特后，还余下3个城市。而你知道，涉及3个城市时，可能的路线有6条。从弗里蒙特出发时，有6条可能的路线，但还可以从其他任何一个城市出发。

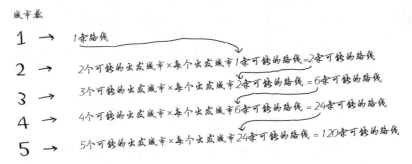

可能的出发城市有4个，从每个城市出发时都有6条可能的路线，因此可能的路线有 4 × 6 = 24 条。

你看出规律了吗？每增加一个城市，需要计算的路线数都将增加。

涉及6个城市时，可能的路线有多少条呢？如果你说720条，那就对了。7个城市为5040条，8个城市为40 320条。

这被称为阶乘函数（factorial function），第3章介绍过。5! = 120。假设有10个城市，可能的路线有多少条呢？10! = 3 628 800。换句话说，涉及10个城市时，需要计算的可能路线超过300万条。正如你看到的，可能的路线数增加得非常快！因此，如果涉及的城市很多，根本就无法找出旅行商问题的正确解。

旅行商问题和集合覆盖问题有一些共同之处：你需要计算所有的解，并从中选出最小/最短的那个。这两个问题都属于NP完全问题。

近似求解

对旅行商问题来说，什么样的近似算法不错呢？能找到较短路径的算法就算不错。在继续往下阅读前，看看你能设计出这样的算法吗？

我会采取这样的做法：随便选择出发城市，然后每次选择要去的下一个城市时，都选择还没去的最近的城市。假设旅行商从马林出发。

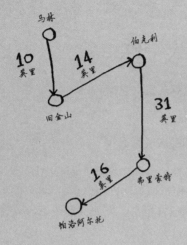

总旅程为71英里。这条路径可能不是最短的，但也相当短了。

NP完全问题的简单定义是，以难解著称的问题，如旅行商问题和集合覆盖问题。很多非常聪明的人都认为，根本不可能编写出可快速解决这些问题的算法。

8.4.2　如何识别 NP 完全问题

Jonah正为其虚构的橄榄球队挑选队员。他列了一个清单，指出了对球队的要求：优秀的四分卫，优秀的跑卫，擅长雨中作战，以及能承受压力等。他有一个候选球员名单，其中每个球员都满足某些要求。

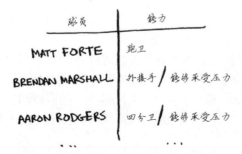

球员	能力	
MATT FORTE	跑卫	
BRENDAN MARSHALL	外接手	能够承受压力
AARON RODGERS	四分卫	能够承受压力
...	...	

Jonah需要组建一个满足所有这些要求的球队，可名额有限。等等，Jonah突然间意识到，这不就是一个集合覆盖问题吗！

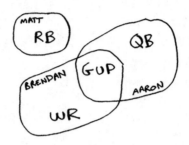

Jonah可使用前面介绍的近似算法来组建球队。

(1) 找出符合最多要求的球员。

(2) 不断重复这个过程，直到球队满足要求（或球队名额已满）。

NP完全问题无处不在！如果能够判断出要解决的问题属于NP完全问题就好了，这样就不用去寻找完美的解决方案，而是使用近似算法即可。但要判断问题是不是NP完全问题很难，易于解决的问题和NP完全问题的差别通常很小。例如，前一章深入讨论了最短路径，你知道如何找出从A点到B点的最短路径。

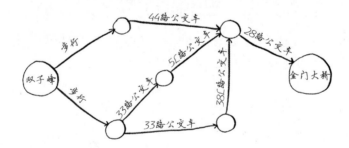

但如果要找出经由指定几个点的最短路径，就是旅行商问题——NP完全问题。简言之，没办法判断问题是不是NP完全问题，但还是有一些蛛丝马迹可循的。

- 元素较少时算法的运行速度非常快，但随着元素数量的增加，速度会变得非常慢。
- 涉及"所有组合"的问题通常是NP完全问题。
- 不能将问题分成小问题，必须考虑各种可能的情况。这可能是NP完全问题。
- 如果问题涉及序列（如旅行商问题中的城市序列）且难以解决，它可能就是NP完全问题。
- 如果问题涉及集合（如广播台集合）且难以解决，它可能就是NP完全问题。
- 如果问题可转换为集合覆盖问题或旅行商问题，那它肯定是NP完全问题。

练习

8.6 有个邮递员负责给20个家庭送信，需要找出经过这20个家庭的最短路径。请问这是一个NP完全问题吗？

8.7 在一堆人中找出最大的朋友圈（即其中任何两个人都相识）是NP完全问题吗？

8.8 你要制作美国地图，需要用不同的颜色标出相邻的州。为此，你需要确定最少需要使用多少种颜色，才能确保任何两个相邻州的颜色都不同。请问这是NP完全问题吗？

8.5 小结

- 贪婪算法寻找局部最优解，企图以这种方式获得全局最优解。
- 对于NP完全问题，还没有找到快速解决方案。
- 面临NP完全问题时，最佳的做法是使用近似算法。
- 贪婪算法易于实现、运行速度快，是不错的近似算法。

8

第9章

动态规划

本章内容

❑ 学习动态规划，这是一种解决棘手问题的方法，它将问题分成小问题，并先着手解决这些小问题。

❑ 学习如何设计问题的动态规划解决方案。

9.1 背包问题

我们再来看看第8章的背包问题。假设你是个小偷，背着一个可装4磅东西的背包。

你可盗窃的商品有如下3件。

音响
3000美元
4磅

笔记本电脑
2000美元
3磅

吉他
1500美元
1磅

为了让盗窃的商品价值最高，你该选择哪些商品？

9.1.1 简单算法

最简单的算法如下：尝试各种可能的商品组合，并找出价值最高的组合。

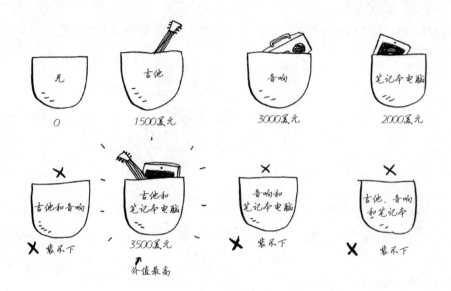

这样可行，但速度非常慢。在有3件商品的情况下，你需要计算8个不同的集合；有4件商品时，你需要计算16个集合。每增加一件商品，需要计算的集合数都将翻倍！这种算法的运行时间为$O(2^n)$，真的是慢如蜗牛。

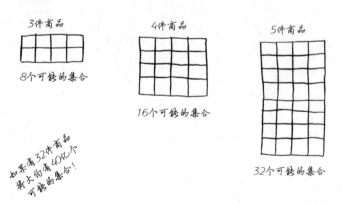

只要商品数量多到一定程度，这种算法就行不通。在第8章，你学习了如何找到近似解，这接近最优解，但可能不是最优解。

那么如何找到最优解呢？

9.1.2   动态规划

答案是使用动态规划！下面来看看动态规划算法的工作原理。动态规划先解决子问题，再逐步解决大问题。

对于背包问题，你先解决小背包（子背包）问题，再逐步解决原来的问题。

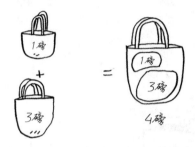

动态规划是一个难以理解的概念，如果你没有立即搞懂，也不用担心，我们将研究很多示例。

先来演示这种算法的执行过程。看过执行过程后，你心里将有一大堆问题！我将竭尽所能解答这些问题。

每个动态规划算法都从一个网格开始，背包问题的网格如下。

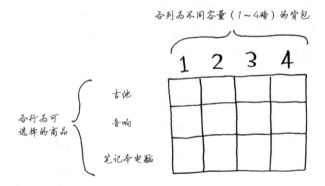

网格的各行为商品，各列为不同容量（1～4磅）的背包。所有这些列你都需要，因为它们将帮助你计算子背包的价值。

网格最初是空的。你将填充其中的每个单元格，网格填满后，就找到了问题的答案！你一定要跟着做。请你创建网格，我们一起来填满它。

1. 吉他行

后面将列出计算这个网格中单元格值的公式。我们先来一步一步做。首先来看第一行。

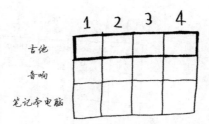

这是吉他行，意味着你将尝试将吉他装入背包。在每个单元格，都需要做一个简单的决定：偷不偷吉他？别忘了，你要找出一个价值最高的商品集合。

第一个单元格表示背包的容量为1磅。吉他的重量也是1磅，这意味着它能装入背包！因此这个单元格包含吉他，价值为1500美元。

下面来开始填充网格。

与这个单元格一样，每个单元格都将包含当前可装入背包的所有商品。

来看下一个单元格。这个单元格表示背包的容量为2磅，完全能够装下吉他！

这行的其他单元格也一样。别忘了，这是第一行，只有吉他可供你选择。换言之，你假装现在还没法盗窃其他两件商品。

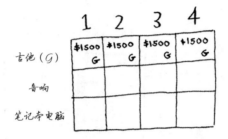

此时你很可能心存疑惑：原来的问题说的是4磅的背包，我们为何要考虑容量为1磅、2磅等的背包呢？前面说过，动态规划从小问题着手，逐步解决大问题。这里解决的子问题将帮助你解决大问题。请接着往下读，稍后你就会明白的。

此时网格应类似于下面这样。

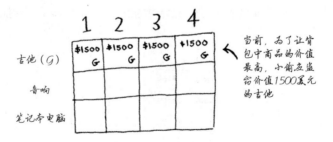

别忘了，你要做的是让背包中商品的价值最大。这行表示的是当前的最大价值。它指出，如果你有一个容量4磅的背包，可在其中装入的商品的最大价值为1500美元。

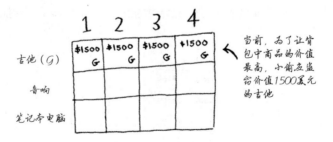

当前，为了让背包中商品的价值最高，小偷盗窃价值1500美元的吉他

你知道这不是最终的解。随着算法往下执行，你将逐步修改最大价值。

2. 音响行

我们来填充下一行——音响行。你现在处于第二行，可偷的商品有吉他和音响。在每一行，可偷的商品都为当前行的商品以及之前各行的商品。因此，当前你还不能偷笔记本电脑，而只能偷音响和吉他。我们先来看第一个单元格，它表示容量为1磅的背包。在此之前，可装入1磅背包的商品的最大价值为1500美元。

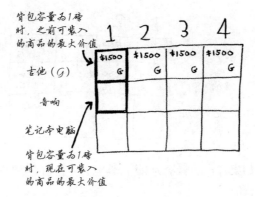

该不该偷音响呢？

背包的容量为1磅，能装下音响吗？音响太重了，装不下！由于容量1磅的背包装不下音响，因此最大价值依然是1500美元。

接下来的两个单元格的情况与此相同。在这些单元格中，背包的容量分别为2磅和3磅，而以前的最大价值为1500美元。

由于这些背包装不下音响，因此最大价值保持不变。

背包容量为4磅呢？终于能够装下音响了！原来的最大价值为1500美元，但如果在背包中装入音响而不是吉他，价值将为3000美元！因此还是偷音响吧。

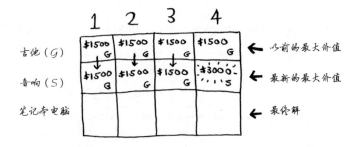

你更新了最大价值！如果背包的容量为4磅，就能装入价值至少3000美元的商品。在这个网格中，你逐步地更新最大价值。

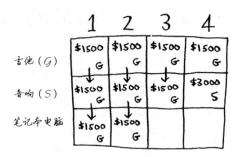

3. 笔记本电脑行

下面以同样的方式处理笔记本电脑。笔记本电脑重3磅，没法将其装入容量为1磅或2磅的背包，因此前两个单元格的最大价值还是1500美元。

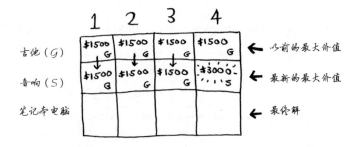

对于容量为3磅的背包，原来的最大价值为1500美元，但现在你可选择盗窃价值2000美元的笔记本电脑而不是吉他，这样新的最大价值将为2000美元！

	1	2	3	4
吉他 (G)	$1500 G	$1500 G	$1500 G	$1500 G
音响 (S)	$1500 G	$1500 G	$1500 G	$3000 S
笔记本电脑 (L)	$1500 G	$1500 G	$2000 L	

对于容量为4磅的背包，情况很有趣。这是非常重要的部分。当前的最大价值为3000美元，你可不偷音响，而偷笔记本电脑，但它只值2000美元。

$$\$3000 \quad \text{vs} \quad \$2000$$
音响   笔记本电脑

价值没有原来高。但等一等，笔记本电脑的重量只有3磅，背包还有1磅的容量没用！

$$\$3000 \quad \text{vs} \left(\$2000 + \underline{???} \right)$$
音响   笔记本电脑   余下的1磅容量

在1磅的容量中，可装入的商品的最大价值是多少呢？你之前计算过。

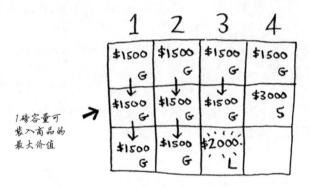

1磅容量可装入商品的最大价值 →

	1	2	3	4
	$1500 G	$1500 G	$1500 G	$1500 G
	$1500 G	$1500 G	$1500 G	$3000 S
	$1500 G	$1500 G	$2000 L	

根据之前计算的最大价值可知，在1磅的容量中可装入吉他，价值1500美元。因此，你需要做如下比较。

$$\$3000 \quad \text{vs} \left(\$2000 + \$1500 \right)$$
音响   笔记本电脑   吉他

9

你可能始终心存疑惑：为何计算小背包可装入的商品的最大价值呢？但愿你现在明白了其中的原因！余下了空间时，你可根据这些子问题的答案来确定余下的空间可装入哪些商品。笔记本电脑和吉他的总价值为3500美元，因此偷它们是更好的选择。

最终的网格类似于下面这样。

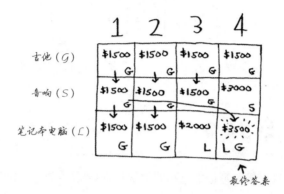

答案如下：将吉他和笔记本电脑装入背包时价值最高，为3500美元。

你可能认为，计算最后一个单元格的价值时，我使用了不同的公式。那是因为填充之前的单元格时，我故意避开了一些复杂的因素。其实，计算每个单元格的价值时，使用的公式都相同。这个公式如下。

$$\text{CELL}[i][j] = \text{两者中较大的那个} \begin{cases} 1.\ \text{上一个单元格的值（即 CELL}[i\text{-}1][j]\text{的值）} \\ \qquad\qquad\text{VS} \\ 2.\ \text{当前商品的价值 + 剩余空间的价值} \\ \qquad\qquad \text{CELL}[i\text{-}1][j-\text{当前商品的重量}] \end{cases}$$

你可以使用这个公式来计算每个单元格的价值，最终的网格将与前一个网格相同。现在你明白了为何要求解子问题吧？你可以合并两个子问题的解来得到更大问题的解。

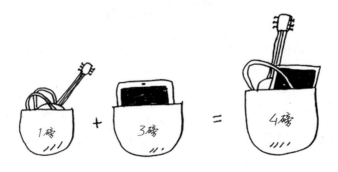

9.2 背包问题 FAQ

你可能还是觉得这像是变魔术。本节将回答一些常见的问题。

9.2.1 再增加一件商品将如何呢

IPHONE
2000美元
1磅

假设你发现还有第四件商品可偷——一个iPhone！

此时需要重新执行前面所做的计算吗？不需要。别忘了，动态规划逐步计算最大价值。到目前为止，计算出的最大价值如下。

	1	2	3	4
吉他（G）	$1500 G	$1500 G	$1500 G	$1500 G
音响（S）	$1500 G	$1500 G	$1500 G	$3000 S
笔记本电脑（L）	$1500 G	$1500 G	$2000 L	$3500 LG

这意味着背包容量为4磅时，你最多可偷价值3500美元的商品。但这是以前的情况，下面再添加表示iPhone的行。

	1	2	3	4
吉他（G）	$1500 G	$1500 G	$1500 G	$1500 G
音响（S）	$1500 G	$1500 G	$1500 G	$3000 S
笔记本电脑（L）	$1500 G	$1500 G	$2000 L	$3500 LG
iPhone				

↖ 新的答案

最大价值可能发生变化！请尝试填充这个新增的行，再接着往下读。

我们从第一个单元格开始。iPhone可装入容量为1磅的背包。之前的最大价值为1500美元，但iPhone价值2000美元，因此该偷iPhone而不是吉他。

	1	2	3	4
吉他（G）	$1500 G	$1500 G	$1500 G	$1500 G
音响（S）	$1500 G	$1500 G	$1500 G	$3000 S
笔记本电脑（L）	$1500 G	$1500 G	$2000 L	$3500 LG
iPhone（I）	$2000 I			

在下一个单元格中，你可装入iPhone和吉他。

$1500 G	$1500 G	$1500 G	$1500 G
$1500 G	$1500 G	$1500 G	$3000 S
$1500 G	$1500 G	$2000 L	$3500 LG
$2000 I	$3500 IG		

对于第三个单元格，也没有比装入iPhone和吉他更好的选择了。

对于最后一个单元格，情况比较有趣。当前的最大价值为3500美元，但你可偷iPhone，这将余下3磅的容量。

3磅容量的最大价值为2000美元！再加上iPhone价值2000美元，总价值为4000美元。新的最大价值诞生了！

最终的网格如下。

问题：沿着一列往下走时，最大价值有可能降低吗？

请找出这个问题的答案，再接着往下读。

答案：不可能。每次迭代时，你都存储当前的最大价值。最大价值不可能比以前低！

练习

9.1 假设你还可偷另外一件商品——MP3播放器，它重1磅，价值1000美元。你要偷吗？

9.2.2 行的排列顺序发生变化时结果将如何

答案会随之变化吗？假设你按如下顺序填充各行：音响、笔记本电脑、吉他。网格将会是什么样的？请自己动手填充这个网格，再接着往下读。

网格将类似于下面这样。

答案没有变化。也就是说，各行的排列顺序无关紧要。

9.2.3 可以逐列而不是逐行填充网格吗

自己动手试试吧！就这个问题而言，这没有任何影响，但对于其他问题，可能有影响。

9.2.4 增加一件更小的商品将如何呢

假设你还可以偷一条项链，它重0.5磅，价值1000美元。前面的网格都假设所有商品的重量为整数，但现在你决定把项链给偷了，因此余下的容量为3.5磅。在3.5磅的容量中，可装入的商品的最大价值是多少呢？不知道！因为你只计算了容量为1磅、2磅、3磅和4磅的背包可装下的商品的最大价值。现在，你需要知道容量为3.5磅的背包可装下的商品的最大价值。

由于项链的加入，你需要考虑的粒度更细，因此必须调整网格。

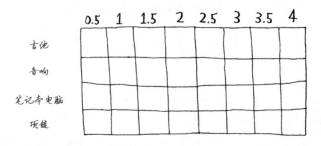

9.2.5 可以偷商品的一部分吗

假设你在杂货店行窃，可偷成袋的扁豆和大米，但如果整袋装不下，可打开包装，再将背包倒满。在这种情况下，不再是要么偷要么不偷，而是可偷商品的一部分。如何使用动态规划来处理这种情形呢？

答案是没法处理。使用动态规划时，要么考虑拿走整件商品，要么考虑不拿，而没法判断该不该拿走商品的一部分。

但使用贪婪算法可轻松地处理这种情况！首先，尽可能多地拿价值最高的商品；如果拿光了，再尽可能多地拿价值次高的商品，以此类推。

例如，假设有如下商品可供选择。

燕麦
每磅6美元　　　木豆
每磅3美元　　　大米
每磅2美元

藜麦比其他商品都值钱，因此要尽量往背包中装藜麦！如果能够在背包中装满藜麦，结果就是最佳的。

如果藜麦装完后背包还没满，就接着装入下一种最值钱的商品，以此类推。

9.2.6　旅游行程最优化

假设你要去伦敦度假，假期两天，但你想去游览的地方很多。你没法前往每个地方游览，因此你列个单子。

名胜	时间	评分
威斯敏斯特教堂	0.5天	7
环球剧场	0.5天	6
英国国家美术馆	1天	9
大英博物馆	2天	9
圣保罗大教堂	0.5天	8

对于想去游览的每个名胜，都列出所需的时间以及你有多想去看看。根据这个清单，你能确定该去游览哪些名胜吗？

这也是一个背包问题！但约束条件不是背包的容量，而是有限的时间；不是决定该装入哪些商品，而是决定该去游览哪些名胜。请根据这个清单绘制动态规划网格，再接着往下读。

网格类似于下面这样。

	½	1	1½	2
威斯敏斯特教堂				
环球剧场				
英国国家美术馆				
大英博物馆				
圣保罗大教堂				

你画对了吗？请填充这个网格，决定该游览哪些名胜。答案如下。

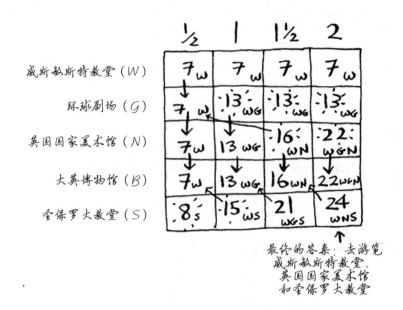

最终的答案：去游览
威斯敏斯特教堂、
英国国家美术馆
和圣保罗大教堂

9.2.7　处理相互依赖的情况

假设你还想去巴黎，因此在前述清单中又添加了几项。

埃菲尔铁塔	1.5天	8
卢浮宫	1.5天	9
巴黎圣母院	1.5天	7

去这些地方游览需要很长时间，因为你先得从伦敦前往巴黎，这需要半天时间。如果这3个地方都去玩，是不是要4.5天呢？

不是的，因为不是去每个地方都得先从伦敦到巴黎。到达巴黎后，每个地方都只需1天时间。因此玩这3个地方需要的总时间为3.5天（半天从伦敦到巴黎，每个地方1天），而不是4.5天。

将埃菲尔铁塔加入"背包"后，卢浮宫将更"便宜"：只要1天时间，而不是1.5天。如何使用动态规划对这种情况建模呢？

没办法建模。动态规划功能强大，它能够解决子问题并使用这些答案来解决大问题。但仅当每个子问题都是离散的，即不依赖于其他子问题时，动态规划才管用。这意味着使用动态规划算法解决不了去巴黎玩的问题。

9.2.8　计算最终的解时会涉及两个以上的子背包吗

为获得前述背包问题的最优解，可能需要偷两件以上的商品。但根据动态规划算法的设计，最多只需合并两个子背包，即根本不会涉及两个以上的子背包。不过这些子背包可能又包含子背包。

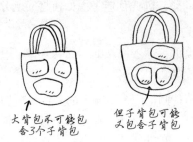

大背包不可能包
含3个子背包

但子背包可能
又包含子背包

9.2.9 最优解可能导致背包没装满吗

完全可能。假设你还可以偷一颗钻石。

钻石
100万美元
3.5磅

这颗钻石非常大，重达3.5磅，价值100万美元，比其他商品都值钱得多。你绝对应该把它给偷了！但当你这样做时，余下的容量只有0.5磅，别的什么都装不下。

练习

9.2 假设你要去野营。你有一个容量为6磅的背包，需要决定该携带下面的哪些东西。其中每样东西都有相应的价值，价值越大意味着越重要：

- ❏ 水（重3磅，价值10）；
- ❏ 书（重1磅，价值3）
- ❏ 食物（重2磅，价值9）；
- ❏ 夹克（重2磅，价值5）；
- ❏ 相机（重1磅，价值6）。

请问携带哪些东西时价值最高？

9.3 最长公共子串

通过前面的动态规划问题，你得到了哪些启示呢？

- ❏ 动态规划可帮助你在给定约束条件下找到最优解。在背包问题中，你必须在背包容量给定的情况下，偷到价值最高的商品。
- ❏ 在问题可分解为彼此独立且离散的子问题时，就可使用动态规划来解决。

要设计出动态规划解决方案可能很难，这正是本节要介绍的。下面是一些通用的小贴士。

- ❏ 每种动态规划解决方案都涉及网格。

□ 单元格中的值通常就是你要优化的值。在前面的背包问题中，单元格的值为商品的价值。

□ 每个单元格都是一个子问题，因此你应考虑如何将问题分成子问题，这有助于你找出网格的坐标轴。

下面再来看一个例子。假设你管理着网站dictionary.com。用户在该网站输入单词时，你需要给出其定义。

但如果用户拼错了，你必须猜测他原本要输入的是什么单词。例如，Alex想查单词fish，但不小心输入了hish。在你的字典中，根本就没有这样的单词，但有几个类似的单词。

在这个例子中，只有两个类似的单词，真是太小儿科了。实际上，类似的单词很可能有数千个。

Alex输入了hish，那他原本要输入的是fish还是vista呢？

9.3.1　绘制网格

用于解决这个问题的网格是什么样的呢？要确定这一点，你得回答如下问题。

□ 单元格中的值是什么？

□ 如何将这个问题划分为子问题？

□ 网格的坐标轴是什么？

在动态规划中，你要将某个指标最大化。在这个例子中，你要找出两个单词的最长公共子串。hish和fish都包含的最长子串是什么呢？hish和vista呢？这就是你要计算的值。

别忘了，单元格中的值通常就是你要优化的值。在这个例子中，这很可能是一个数字：两个字符串都包含的最长子串的长度。

如何将这个问题划分为子问题呢？你可能需要比较子串：不是比较hish和fish，而是先比较his和fis。每个单元格都将包含这两个子串的最长公共子串的长度。这也给你提供了线索，让你觉得坐标轴很可能是这两个单词。因此，网格可能类似于下面这样。

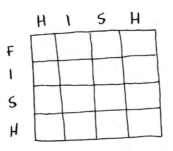

如果这在你看来犹如巫术，也不用担心。这些内容很难懂，但这也正是我到现在才介绍它们的原因！本章后面有一个练习，到时你可以自己动手来进行动态规划。

9.3.2 填充网格

现在，你很清楚网格应是什么样的。填充该网格的每个单元格时，该使用什么样的公式呢？由于你已经知道答案——hish和fish的最长公共子串为ish，因此可以作点弊。

即便如此，你还是不能确定该使用什么样的公式。计算机科学家有时会开玩笑说，那就使用**费曼算法**（Feynman algorithm）。这个算法是以著名物理学家理查德·费曼命名的，其步骤如下。

(1) 将问题写下来。

(2) 好好思考。

(3) 将答案写下来。

计算机科学家真是一群不按常理出牌的人啊！

实际上，根本没有找出计算公式的简单办法，你必须通过尝试才能找出管用的公式。有些算法并非精确的解决步骤，而只是帮助你理清思路的框架。

请尝试为这个问题找到计算单元格值的公式。给你一点提示吧：下面是这个单元格的一部分。

其他单元格的值呢？别忘了，每个单元格都是一个子问题的值。为何单元格(3, 3)的值为2呢？又为何单元格(3, 4)的值为0呢？

请找出计算公式，再接着往下读。这样即便你没能找出正确的公式，后面的解释也将容易理解得多。

9.3.3   揭晓答案

最终的网格如下。

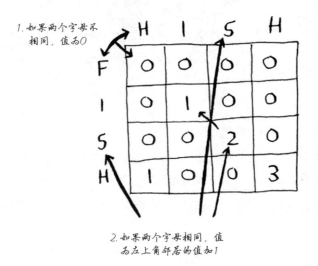

我使用下面的公式来计算每个单元格的值。

实现这个公式的伪代码类似于下面这样。

```
if word_a[i] == word_b[j]:        ⤶ 两个字母相同
  cell[i][j] = cell[i-1][j-1] + 1
else:                             ⤶ 两个字母不同
  cell[i][j] = 0
```

查找单词hish和vista的最长公共子串时，网格如下。

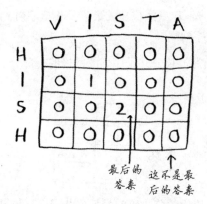

需要注意的一点是，这个问题的最终答案并不在最后一个单元格中！对于前面的背包问题，最终答案总是在最后的单元格中。但对于最长公共子串问题，答案为网格中最大的数字——它可能并不位于最后的单元格中。

我们回到最初的问题：哪个单词与hish更像？hish和fish的最长公共子串包含三个字母，而hish和vista的最长公共子串包含两个字母。

因此Alex很可能原本要输入的是fish。

9.3.4 最长公共子序列

假设Alex不小心输入了fosh，他原本想输入的是fish还是fort呢？

我们使用最长公共子串公式来比较它们。

最长公共子串的长度相同，都包含两个字母！但fosh与fish更像。

这里比较的是最长公共子串，但其实应比较最长公共子序列：两个单词中都有的序列包含的字母数。如何计算最长公共子序列呢？

下面是用于计算fish和fosh的最长公共子序列的网格的一部分。

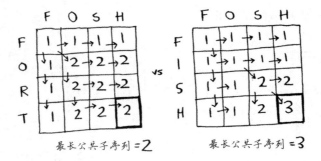

你能找出填充这个网格时使用的公式吗？最长公共子序列与最长公共子串很像，计算公式也很像。请试着找出这个公式——答案稍后揭晓。

9.3.5　最长公共子序列之解决方案

最终的网格如下。

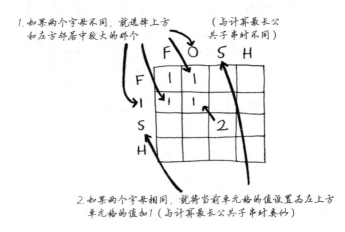

下面是填写各个单元格时使用的公式。

伪代码如下。

```
if word_a[i] == word_b[j]:      ◄·············· 两个字母相同
  cell[i][j] = cell[i-1][j-1] + 1
else: ◄                          两个字母不同
  cell[i][j] = max(cell[i-1][j], cell[i][j-1])
```

本章到这里就结束了！它绝对是本书最难理解的一章。动态规划都有哪些实际应用呢？

❏ 生物学家根据最长公共序列来确定DNA链的相似性，进而判断两种动物或疾病有多相似。最长公共序列还被用来寻找多发性硬化症治疗方案。

❏ 你使用过诸如git diff等命令吗？它们指出两个文件的差异，也是使用动态规划实现的。

❏ 前面讨论了字符串的相似程度。编辑距离（levenshtein distance）指出了两个字符串的相似程度，也是使用动态规划计算得到的。编辑距离算法的用途很多，从拼写检查到判断用户上传的资料是否是盗版，都在其中。

❏ 你使用过诸如Microsoft Word等具有断字功能的应用程序吗？它们如何确定在什么地方断字以确保行长一致呢？使用动态规划！

练习

9.3 请绘制并填充用来计算blue和clues最长公共子串的网格。

9.4 小结

❏ 需要在给定约束条件下优化某种指标时，动态规划很有用。
❏ 问题可分解为离散子问题时，可使用动态规划来解决。
❏ 每种动态规划解决方案都涉及网格。
❏ 单元格中的值通常就是你要优化的值。
❏ 每个单元格都是一个子问题，因此你需要考虑如何将问题分解为子问题。
❏ 没有放之四海皆准的计算动态规划解决方案的公式。

9

第 10 章　K最近邻算法 10

本章内容

❑ 学习使用K最近邻算法创建分类系统。

❑ 学习特征抽取。

❑ 学习回归，即预测数值，如明天的股价或用户对某部电影的喜欢程度。

❑ 学习K最近邻算法的应用案例和局限性。

10.1　橙子还是柚子

请看右边的水果，是橙子还是柚子呢？我知道，柚子通常比橙子更大、更红。

我的思维过程类似于这样：我脑子里有个图表。

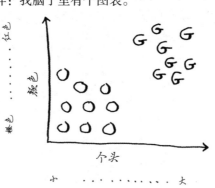

一般而言，柚子更大、更红。这个水果又大又红，因此很可能是柚子。但下面这样的水果呢？

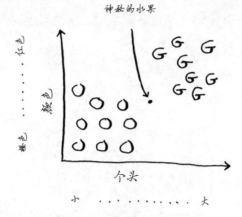

如何判断这个水果是橙子还是柚子呢？一种办法是看它的邻居。来看看离它最近的三个邻居。

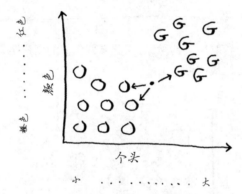

在这三个邻居中，橙子比柚子多，因此这个水果很可能是橙子。祝贺你，你刚才就是使用K最近邻（k-nearest neighbours，KNN）算法进行了分类！这个算法非常简单。

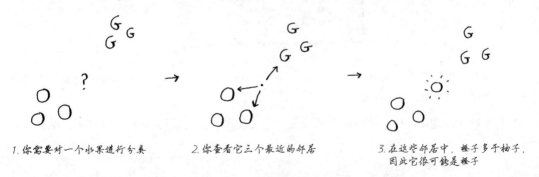

1. 你需要对一个水果进行分类　　　2. 你查看它三个最近的邻居　　　3. 在这些邻居中，橙子多于柚子，因此它很可能是橙子

KNN算法虽然简单却很有用！要对东西进行分类时，可首先尝试这种算法。下面来看一个更真实的例子。

10.2　创建推荐系统

假设你是Netflix，要为用户创建一个电影推荐系统。从本质上说，这类似于前面的水果问题！你可以将所有用户都放入一个图表中。

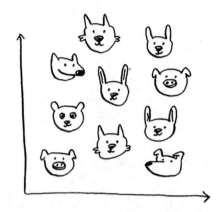

这些用户在图表中的位置取决于其喜好，因此喜好相似的用户距离较近。假设你要向Priyanka推荐电影，可以找出五位与他最接近的用户。

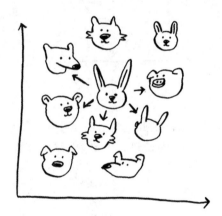

假设在对电影的喜好方面，Justin、JC、Joey、Lance和Chris都与Priyanka差不多，因此他们喜欢的电影很可能Priyanka也喜欢！

有了这样的图表以后，创建推荐系统就将易如反掌：只要是Justin喜欢的电影，就将其推荐给Priyanka。

1. Justin看了一部电影　　2. 他很喜欢　　3. 将这部电影推荐给Priyanka

但还有一个重要的问题没有解决。在前面的图表中，相似的用户相距较近，但如何确定两位用户的相似程度呢？

10.2.1　特征抽取

在前面的水果示例中，你根据个头和颜色来比较水果，换言之，你比较的特征是个头和颜色。现在假设有三个水果，你可抽取它们的特征。

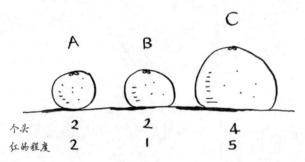

再根据这些特征绘图。

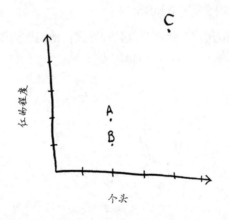

从上图可知，水果A和B比较像。下面来度量它们有多像。要计算两点的距离，可使用毕达哥拉斯公式。

$$\sqrt{(X_1-X_2)^2 + (Y_1-Y_2)^2}$$

例如，A和B的距离如下。

$$\sqrt{(2-2)^2 + (2-1)^2}$$

$$= \sqrt{0+1}$$

$$= \sqrt{1}$$

$$= 1$$

A和B的距离为1。你还可计算其他水果之间的距离。

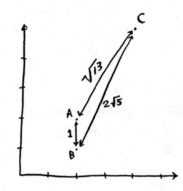

这个距离公式印证了你的直觉：A和B很像。

假设你要比较的是Netflix用户，就需要以某种方式将他们放到图表中。因此，你需要将每位用户都转换为一组坐标，就像前面对水果所做的那样。

$$\bigcirc \rightarrow (2,2)$$

$$\rightarrow (?,?)$$

在能够将用户放入图表后，你就可以计算他们之间的距离了。

下面是一种将用户转换为一组数字的方式。用户注册时，要求他们指出对各种电影的喜欢程度。这样，对于每位用户，都将获得一组数字！

	PRIYANKA	JUSTIN	MORPHEUS
喜剧片	3	4	2
动作片	4	3	5
生活片	4	5	1
恐怖片	1	1	3
爱情片	4	5	1

Priyanka和Justin都喜欢爱情片且都讨厌恐怖片。Morpheus喜欢动作片，但讨厌爱情片（他讨厌好好的动作电影毁于浪漫的桥段）。前面判断水果是橙子还是柚子时，每种水果都用2个数字表示，你还记得吗？在这里，每位用户都用5个数字表示。

在数学家看来，这里计算的是五维（而不是二维）空间中的距离，但计算公式不变。

$$\sqrt{(a_1-a_2)^2+(b_1-b_2)^2+(c_1-c_2)^2+(d_1-d_2)^2+(e_1-e_2)^2}$$

这个公式包含5个而不是2个数字。

这个距离公式很灵活，即便涉及很多个数字，依然可以使用它来计算距离。你可能会问，涉及5个数字时，距离意味着什么呢？这种距离指出了两组数字之间的相似程度。

$$\sqrt{(3-4)^2+(4-3)^2+(4-5)^2+(1-1)^2+(4-5)^2}$$
$$=\sqrt{1+1+1+0+1}$$
$$=\sqrt{4}$$
$$=2$$

10

这是Priyanka和Justin的距离。

Priyanka和Justin很像。Priyanka和Morpheus的差别有多大呢？请计算他们之间的距离，再接着往下读。

Priyanka和Morpheus的距离为 $\sqrt{24}$ ，你算对了吗？上述距离表明，Priyanka的喜好更接近于Justin而不是Morpheus。

太好了！现在要向Priyanka推荐电影将易如反掌：只要是Justin喜欢的电影，就将其推荐给Priyanka，反之亦然。你这就创建了一个电影推荐系统！

如果你是Netflix用户，Netflix将不断提醒你：多给电影评分吧，你评论的电影越多，给你的推荐就越准确。现在你明白了其中的原因：你评论的电影越多，Netflix就越能准确地判断出你与哪些用户类似。

练习

10.1   在Netflix示例中，你使用距离公式计算两位用户的距离，但给电影打分时，每位用户的标准并不都相同。假设你有两位用户——Yogi和Pinky，他们欣赏电影的品味相同，但Yogi给喜欢的电影都打5分，而Pinky更挑剔，只给特别好的电影打5分。他们的品味一致，但根据距离算法，他们并非邻居。如何将这种评分方式的差异考虑进来呢？

10.2   假设Netflix指定了一组意见领袖。例如，Quentin Tarantino和Wes Anderson就是Netflix的意见领袖，因此他们的评分比普通用户更重要。请问你该如何修改推荐系统，使其偏重于意见领袖的评分呢？

10.2.2   回归

假设你不仅要向Priyanka推荐电影，还要预测她将给这部电影打多少分。为此，先找出与她最近的5个人。

顺便说一句，我老说最近的5个人，其实并非一定要选择5个最近的邻居，也可选择2个、10个或10 000个。这就是这种算法名为K最近邻而不是5最近邻的原因！

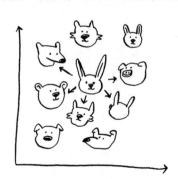

假设你要预测Priyanka会给电影*Pitch Perfect*打多少分。Justin、JC、Joey、Lance和Chris都给它打了多少分呢?

JUSTIN : 5

JC : 4

JOEY : 4

LANCE : 5

CHRIS : 3

你求这些人打的分的平均值,结果为4.2。这就是回归(regression)。你将使用KNN来做两项基本工作——分类和回归:

❑ 分类就是编组;
❑ 回归就是预测结果(如一个数字)。

回归很有用。假设你在伯克利开个小小的面包店,每天都做新鲜面包,需要根据如下一组特征预测当天该烤多少条面包:

❑ 天气指数1~5(1表示天气很糟,5表示天气非常好);
❑ 是不是周末或节假日(周末或假日为1,否则为0);
❑ 有没有活动(1表示有,0表示没有)。

你还有一些历史数据,记录了在各种不同的日子里售出的面包数量。

$$\boxed{A.}\,(5,1,0)=300条 \quad \boxed{B.}\,(3,1,1)=225条$$

$$\boxed{C.}\,(1,1,0)=75条 \quad \boxed{D.}\,(4,0,1)=200条$$

$$\boxed{E.}\,(4,0,0)=150条 \quad \boxed{F.}\,(2,0,0)=50条$$

今天是周末,天气不错。根据这些数据,预测你今天能售出多少条面包呢?我们来使用KNN算法,其中的K为4。首先,找出与今天最接近的4个邻居。

$$(4,1,0)=?$$

距离如下，因此最近的邻居为A、B、D和E。

A. 1 ←

B. 2 ←

C. 3

D. 1.41 (约等于2) ←

E. 1 ←

F. 2.23 (约等于3)

将这些天售出的面包数平均，结果为218.75。这就是你今天要烤的面包数！

余弦相似度

前面计算两位用户的距离时，使用的都是距离公式。还有更合适的公式吗？在实际工作中，经常使用**余弦相似度**（cosine similarity）。假设有两位品味类似的用户，但其中一位打分时更保守。他们都很喜欢Manmohan Desai的电影*Amar Akbar Anthony*，但Paul给了5星，而Rowan只给4星。如果你使用距离公式，这两位用户可能不是邻居，虽然他们的品味非常接近。

余弦相似度不计算两个矢量的距离，而比较它们的角度，因此更适合处理前面所说的情况。本书不讨论余弦相似度，但如果你要使用KNN，就一定要研究研究它！

10.2.3 挑选合适的特征

为推荐电影，你让用户指出他对各类电影的喜好程度。如果你是让用户给一系列小猫图片打分呢？在这种情况下，你找出的是对小猫图片的欣赏品味类似的用户。对电影推荐系统来说，这很可能是一个糟糕的推荐引擎，因为你选择的特征与电影欣赏品味没多大关系。

又假设你只让用户给《玩具总动员》《玩具总动员2》和《玩具总动员3》打分。这将难以让用户的电影欣赏品味显现出来！使用KNN时，挑选合适的特征进行比较至关重要。所谓合适的特征，就是：

❏ 与要推荐的电影紧密相关的特征；
❏ 不偏不倚的特征（例如，如果只让用户给喜剧片打分，就无法判断他们是否喜欢动作片）。

你认为评分是不错的电影推荐指标吗？我给*The Wire*的评分可能比*House Hunters*高，但实际上我观看*House Hunters*的时间更长。该如何改进Netflix的推荐系统呢？

　　回到面包店的例子：对于面包店，你能找出两个不错和糟糕的特征吗？在报纸上打广告后，你可能需要烤制更多的面包；或者每周一你都需要烤制更多的面包。

　　在挑选合适的特征方面，没有放之四海皆准的法则，你必须考虑到各种需要考虑的因素。

练习

10.3　Netflix的用户数以百万计，前面创建推荐系统时只考虑了5个最近的邻居，这是太多还是太少了呢？

10.3　机器学习简介

　　KNN算法真的是很有用，堪称你进入神奇的机器学习领域的领路人！机器学习旨在让计算机更聪明。你见过一个机器学习的例子：创建推荐系统。下面再来看看其他一些例子。

10.3.1　OCR

　　OCR指的是光学字符识别（optical character recognition），这意味着你可拍摄印刷页面的照片，计算机将自动识别出其中的文字。Google使用OCR来实现图书数字化。OCR是如何工作的呢？我们来看一个例子。请看下面的数字。

　　如何自动识别出这个数字是什么呢？可使用KNN。

(1) 浏览大量的数字图像，将这些数字的特征提取出来。

(2) 遇到新图像时，你提取该图像的特征，再找出它最近的邻居都是谁！

　　这与前面判断水果是橙子还是柚子时一样。一般而言，OCR算法提取线段、点和曲线等特征。

　　遇到新字符时，可从中提取同样的特征。

与前面的水果示例相比，OCR中的特征提取要复杂得多，但再复杂的技术也是基于KNN等简单理念的。这些理念也可用于语音识别和人脸识别。你将照片上传到Facebook时，它有时候能够自动标出照片中的人物，这是机器学习在发挥作用！

OCR的第一步是查看大量的数字图像并提取特征，这被称为训练（training）。大多数机器学习算法都包含训练的步骤：要让计算机完成任务，必须先训练它。下一个示例是垃圾邮件过滤器，其中也包含训练的步骤。

10.3.2　创建垃圾邮件过滤器

垃圾邮件过滤器使用一种简单算法——朴素贝叶斯分类器（Naive Bayes classifier），你首先需要使用一些数据对这个分类器进行训练。

主题	是不是垃圾邮件
"RESET YOUR PASSWORD"	不是
"YOU HAVE WON 1 MILLION DOLLARS"	是
"SEND ME YOUR PASSWORD"	是
"NIGERIAN PRINCE SENDS YOU 10 MILLION DOLLARS"	是
"HAPPY BIRTHDAY"	不是

假设你收到一封主题为"collect your million dollars now!"的邮件，这是垃圾邮件吗？你可研究这个句子中的每个单词，看看它在垃圾邮件中出现的概率是多少。例如，使用这个非常简单的模型时，发现只有单词million在垃圾邮件中出现过。朴素贝叶斯分类器能计算出邮件为垃圾邮件的概率，其应用领域与KNN相似。

例如，你可使用朴素贝叶斯分类器来对水果进行分类：假设有一个又大又红的水果，它是柚子的概率是多少呢？朴素贝叶斯分类器也是一种简单而极其有效的算法。我们钟爱这样的算法！

卖出！
卖出！
卖出！

10.3.3 预测股票市场

使用机器学习来预测股票市场的涨跌真的很难。对于股票市场，如何挑选合适的特征呢？股票昨天涨了，今天也会涨，这样的特征合适吗？又或者每年五月份股票市场都以绿盘报收，这样的预测可行吗？在根据以往的数据来预测未来方面，没有万无一失的方法。未来很难预测，由于涉及的变数太多，这几乎是不可能完成的任务。

10.4 小结

但愿通过阅读本章，你对KNN和机器学习的各种用途能有大致的认识！机器学习是个很有趣的领域，只要下定决心，你就能很深入地了解它。

- ❑ KNN用于分类和回归，需要考虑最近的邻居。
- ❑ 分类就是编组。
- ❑ 回归就是预测结果（如数字）。
- ❑ 特征抽取意味着将物品（如水果或用户）转换为一系列可比较的数字。
- ❑ 能否挑选合适的特征事关KNN算法的成败。

10

第 11 章

接下来如何做

本章内容

☐ 概述本书未介绍的10种算法以及它们很有用的原因。
☐ 如何根据兴趣选择接下来要阅读的内容。

11.1 树

在前面的二分查找示例中，每当用户登录Facebook时，Facebook都必须在一个庞大的数组中查找，核实其中是否包含指定的用户名。前面说过，在这种数组中查找时，最快的方式是二分查找，但问题是每当有新用户注册时，都必须将其用户名插入该数组并重新排序，因为二分查找仅在数组有序时才管用。如果能将用户名插入到数组的正确位置就好了，这样就无需在插入后再排序。为此，有人设计了一种名为二叉查找树（binary search tree）的数据结构。

二叉查找树类似于下面这样。

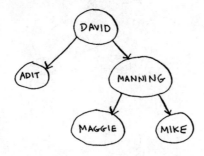

对于其中的每个节点，左子节点的值都比它小，而右子节点的值都比它大。

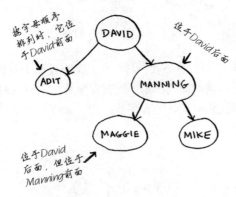

假设你要查找Maggie。为此，你首先检查根节点。

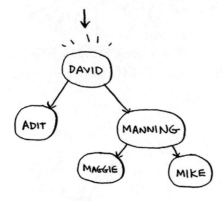

Maggie排在David的后面，因此你往右边找。

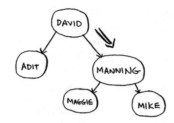

Maggie排在Manning前面，因此你往左边找。

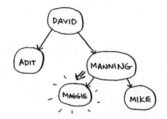

终于找到了Maggie！这几乎与二分查找一样！在二叉查找树中查找节点时，平均运行时间为$O(\log n)$，但在最糟的情况下所需时间为$O(n)$；而在有序数组中查找时，即便是在最糟情况下所需的时间也只有$O(\log n)$，因此你可能认为有序数组比二叉查找树更佳。然而，二叉查找树的插入和删除操作的速度要快得多。

	数组	二叉查找树
查找	$O(\log n)$	$O(\log n)$
插入	$O(n)$	$O(\log n)$
删除	$O(n)$	$O(\log n)$

二叉查找树也存在一些缺点，例如，不能随机访问，就像不能这么说："给我第五个元素。"在二叉查找树处于平衡状态时，平均访问时间也为$O(\log n)$。假设二叉查找树像下面这样处于不平衡状态。

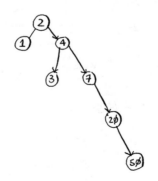

注意，这棵树是向右倾斜的，因此性能不佳。也有一些处于平衡状态的特殊二叉查找树，如红黑树。

那在什么情况下使用二叉查找树呢？B树是一种特殊的二叉树，数据库常用它来存储数据。

如果你对数据库或高级数据结构感兴趣，请研究如下数据结构：B树，红黑树，堆，伸展树。

11.2 反向索引

这里非常简单地说说搜索引擎的工作原理。假设你有三个网页，内容如下。

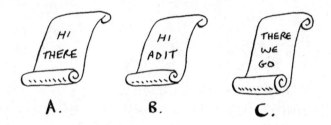

我们根据这些内容创建一个散列表。

这个散列表的键为单词，值为包含指定单词的页面。现在假设有用户搜索hi，在这种情况下，搜索引擎需要检查哪些页面包含hi。

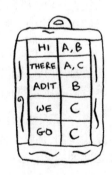

搜索引擎发现页面A和B包含hi，因此将这些页面作为搜索结果呈现给用户。现在假设用户搜索there。你知道，页面A和C包含它。非常简单，不是吗？这是一种很有用的数据结构：一个散列表，将单词映射到包含它的页面。这种数据结构被称为反向索引（inverted index），常用于创建搜索引擎。如果你对搜索感兴趣，从反向索引着手研究是不错的选择。

11.3 傅里叶变换

绝妙、优雅且应用广泛的算法少之又少，傅里叶变换算是一个。Better Explained是一个杰出的网站，致力于以通俗易懂的语言阐释数学，它就傅里叶变换做了一个绝佳的比喻：给它一杯冰

11

沙，它能告诉你其中包含哪些成分[①]。换言之，给定一首歌曲，傅里叶变换能够将其中的各种频率分离出来。

这种理念虽然简单，应用却极其广泛。例如，如果能够将歌曲分解为不同的频率，就可强化你关心的部分，如强化低音并隐藏高音。傅里叶变换非常适合用于处理信号，可使用它来压缩音乐。为此，首先需要将音频文件分解为音符。傅里叶变换能够准确地指出各个音符对整个歌曲的贡献，让你能够将不重要的音符删除。这就是MP3格式的工作原理！

数字信号并非只有音乐一种类型。JPG也是一种压缩格式，也采用了刚才说的工作原理。傅里叶变换还被用来地震预测和DNA分析。

使用傅里叶变换可创建类似于Shazam这样的音乐识别软件。傅里叶变换的用途极其广泛，你遇到它的可能性极高！

11.4　并行算法

接下来的三个主题都与可扩展性和海量数据处理相关。我们身处一个处理器速度越来越快的时代，如果你要提高算法的速度，可等上几个月，届时计算机本身的速度就会更快。但这个时代已接近尾声，因此笔记本电脑和台式机转而采用多核处理器。为提高算法的速度，你需要让它们能够在多个内核中并行地执行！

来看一个简单的例子。在最佳情况下，排序算法的速度大致为$O(n \log n)$。众所周知，对数组进行排序时，除非使用并行算法，否则运行时间不可能为$O(n)$！对数组进行排序时，快速排序的并行版本所需的时间为$O(n)$。

并行算法设计起来很难，要确保它们能够正确地工作并实现期望的速度提升也很难。有一点是确定的，那就是速度的提升并非线性的，因此即便你的笔记本电脑装备了两个而不是一个内核，算法的速度也不可能提高一倍，其中的原因有两个。

❏ **并行性管理开销**。假设你要对一个包含1000个元素的数组进行排序，如何在两个内核之间分配这项任务呢？如果让每个内核对其中500个元素进行排序，再将两个排好序的数组合并成一个有序数组，那么合并也是需要时间的。

❏ **负载均衡**。假设你需要完成10个任务，因此你给每个内核都分配5个任务。但分配给内核A的任务都很容易，10秒钟就完成了，而分配给内核B的任务都很难，1分钟才完成。这意味着有那么50秒，内核B在忙死忙活，而内核A却闲得很！你如何均匀地分配工作，让两个内核都一样忙呢？

要改善性能和可扩展性，并行算法可能是不错的选择！

[①] 摘自Kalid发表在Better Explained上的文章"An Interactive Guide to the Fourier Transform"。

11.5　MapReduce

有一种特殊的并行算法正越来越流行，它就是分布式算法。在并行算法只需两到四个内核时，完全可以在笔记本电脑上运行它，但如果需要数百个内核呢？在这种情况下，可让算法在多台计算机上运行。MapReduce是一种流行的分布式算法，你可通过流行的开源工具Apache Hadoop来使用它。

11.5.1　分布式算法为何很有用

假设你有一个数据库表，包含数十亿乃至数万亿行，需要对其执行复杂的SQL查询。在这种情况下，你不能使用MySQL，因为数据表的行数超过数十亿后，它处理起来将很吃力。相反，你需要通过Hadoop来使用MapReduce！

又假设你需要处理一个很长的清单，其中包含100万个职位，而每个职位处理起来需要10秒。如果使用一台计算机来处理，将耗时数月！如果使用100台计算机来处理，可能几天就能完工。

分布式算法非常适合用于在短时间内完成海量工作，其中的MapReduce基于两个简单的理念：映射（map）函数和归并（reduce）函数。

11.5.2　映射函数

映射函数很简单，它接受一个数组，并对其中的每个元素执行同样的处理。例如，下面的映射函数将数组的每个元素翻倍。

```
>>> arr1 = [1, 2, 3, 4, 5]
>>> arr2 = map(lambda x: 2 * x, arr1)
[2, 4, 6, 8, 10]
```

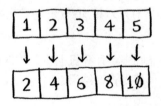

arr2包含[2, 4, 6, 8, 10]：将数组arr1的每个元素都翻倍！将元素翻倍的速度非常快，但如果要执行的操作需要更长的时间呢？请看下面的伪代码。

```
>>> arr1 = # A list of URLs
>>> arr2 = map(download_page, arr1)
```

在这个示例中，你有一个URL清单，需要下载每个URL指向的页面并将这些内容存储在数组arr2中。对于每个URL，处理起来都可能需要几秒钟。如果总共有1000个URL，可能耗时几小时！

11

如果有100台计算机，而map能够自动将工作分配给这些计算机去完成就好了。这样就可同时下载100个页面，下载速度将快得多！这就是MapReduce中"映射"部分基本的理念。

11.5.3 归并函数

归并函数可能令人迷惑,其理念是将很多项归并为一项。映射是将一个数组转换为另一个数组。

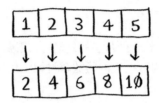

而归并是将一个数组转换为一个元素。

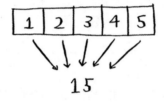

下面是一个示例。

```
>>> arr1 = [1, 2, 3, 4, 5]
>>> reduce(lambda x,y: x+y, arr1)
15
```

在这个示例中，你将数组中的所有元素相加：$1 + 2 + 3 + 4 + 5 = 15$！这里不深入介绍归并，网上有很多这方面的教程。

MapReduce使用这两个简单概念在多台计算机上执行数据查询。数据集很大，包含数十亿行时，使用MapReduce只需几分钟就可获得查询结果，而传统数据库可能要耗费数小时。

11.6 布隆过滤器和 HyperLogLog

假设你管理着网站Reddit。每当有人发布链接时，你都要检查它以前是否发布过，因为之前未发布过的故事更有价值。

又假设你在Google负责搜集网页,但只想搜集新出现的网页,因此需要判断网页是否搜集过。

再假设你管理着提供网址缩短服务的bit.ly,要避免将用户重定向到恶意网站。你有一个清单,其中记录了恶意网站的URL。你需要确定要将用户重定向到的URL是否在这个清单中。

这些都是同一种类型的问题，涉及庞大的集合。

给定一个元素，你需要判断它是否包含在这个集合中。为快速做出这种判断，可使用散列表。例如，Google可能有一个庞大的散列表，其中的键是已搜集的网页。

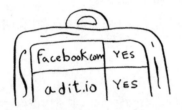

要判断是否已搜集adit.io，可在这个散列表中查找它。

$$adit.io \longrightarrow YES$$

adit.io是这个散列表中的一个键，这说明已搜集它。散列表的平均查找时间为$O(1)$，即查找时间是固定的，非常好！

只是Google需要建立数万亿个网页的索引，因此这个散列表非常大，需要占用大量的存储空间。Reddit和bit.ly也面临着这样的问题。面临海量数据，你需要创造性的解决方案！

11.6.1　布隆过滤器

布隆过滤器提供了解决之道。布隆过滤器是一种概率型数据结构，它提供的答案有可能不对，但很可能是正确的。为判断网页以前是否已搜集，可不使用散列表，而使用布隆过滤器。使用散列表时，答案绝对可靠，而使用布隆过滤器时，答案却是很可能是正确的。

❑ 可能出现错报的情况，即Google可能指出"这个网站已搜集"，但实际上并没有搜集。

11

□ 不可能出现漏报的情况，即如果布隆过滤器说"这个网站未搜集"，就肯定未搜集。

布隆过滤器的优点在于占用的存储空间很少。使用散列表时，必须存储Google搜集过的所有URL，但使用布隆过滤器时不用这样做。布隆过滤器非常适合用于不要求答案绝对准确的情况，前面所有的示例都是这样的。对bit.ly而言，这样说完全可行："我们认为这个网站可能是恶意的，请倍加小心。"

11.6.2 HyperLogLog

HyperLogLog是一种类似于布隆过滤器的算法。如果Google要计算用户执行的不同搜索的数量，或者Amazon要计算当天用户浏览的不同商品的数量，要回答这些问题，需要耗用大量的空间！对Google来说，必须有一个日志，其中包含用户执行的不同搜索。有用户执行搜索时，Google必须判断该搜索是否包含在日志中：如果答案是否定的，就必须将其加入到日志中。即便只记录一天的搜索，这种日志也大得不得了！

HyperLogLog近似地计算集合中不同的元素数，与布隆过滤器一样，它不能给出准确的答案，但也八九不离十，而占用的内存空间却少得多。

面临海量数据且只要求答案八九不离十时，可考虑使用概率型算法！

11.7   SHA 算法

还记得第5章介绍的散列算法吗？我们回顾一下，假设你有一个键，需要将其相关联的值放到数组中。

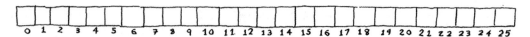

你使用散列函数来确定应将这个值放在数组的什么地方。

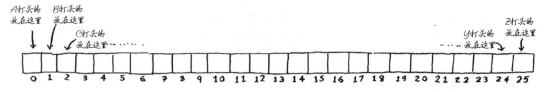

你将值放在这个地方。

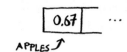

这样查找时间是固定的。当你想要知道指定键对应的值时，可再次执行散列函数，它将告诉你这个值存储在什么地方，需要的时间为$O(1)$。

在这个示例中，你希望散列函数的结果是均匀分布的。散列函数接受一个字符串，并返回一个索引号。

11.7.1 比较文件

另一种散列函数是安全散列算法（secure hash algorithm，SHA）函数。给定一个字符串，SHA 返回其散列值。

$$\text{"hello"} \Rightarrow \text{2cf24db...}$$

这里的术语有点令人迷惑。SHA是一个散列函数，它生成一个散列值——一个较短的字符串。用于创建散列表的散列函数根据字符串生成数组索引，而SHA根据字符串生成另一个字符串。

对于每个不同的字符串，SHA生成的散列值都不同。

$$\text{"hello"} \Rightarrow \text{2cf24db...}$$
$$\text{"algorithm"} \Rightarrow \text{b1eb2ec...}$$
$$\text{"password"} \Rightarrow \text{5e88489...}$$

说　　明

SHA 生成的散列值很长，这里截短了。

你可使用SHA来判断两个文件是否相同，这在比较超大型文件时很有用。假设你有一个4 GB的文件，并要检查朋友是否也有这个大型文件。为此，你不用通过电子邮件将这个大型文件发送给朋友，而可计算它们的SHA散列值，再对结果进行比较。

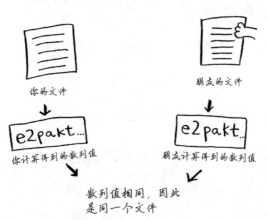

11.7.2   检查密码

SHA还让你能在不知道原始字符串的情况下对其进行比较。例如，假设Gmail遭到攻击，攻击者窃取了所有的密码！你的密码暴露了吗？没有，因为Google存储的并非密码，而是密码的SHA散列值！你输入密码时，Google计算其散列值，并将结果同其数据库中的散列值进行比较。

用户名 → 密码 → 同存储在数据库中的散列值进行比较 → 散列值相同，说明密码正确

你的密码   该密码的散列值

Google只是比较散列值，因此不必存储你的密码！SHA被广泛用于计算密码的散列值。这种散列算法是单向的。你可根据字符串计算出散列值。

$$abc123 \rightarrow 6ca13d$$

但你无法根据散列值推断出原始字符串。

$$? \leftarrow 6ca13d$$

这意味着计算攻击者窃取了Gmail的SHA散列值，也无法据此推断出原始密码！你可将密码转换为散列值，但反过来不行。

SHA实际上是一系列算法：SHA-0、SHA-1、SHA-2和SHA-3。本书编写期间，SHA-0和SHA-1已被发现存在一些缺陷。如果你要使用SHA算法来计算密码的散列值，请使用SHA-2或SHA-3。当前，最安全的密码散列函数是bcrypt，但没有任何东西是万无一失的。

11.8   局部敏感的散列算法

SHA还有一个重要特征，那就是局部不敏感的。假设你有一个字符串，并计算了其散列值。

$$dog \rightarrow cd6357$$

如果你修改其中的一个字符，再计算其散列值，结果将截然不同！

$$dot \rightarrow e392da$$

这很好，让攻击者无法通过比较散列值是否类似来破解密码。

有时候，你希望结果相反，即希望散列函数是局部敏感的。在这种情况下，可使用Simhash。如果你对字符串做细微的修改，Simhash生成的散列值也只存在细微的差别。这让你能够通过比较散列值来判断两个字符串的相似程度，这很有用！

❑ Google使用Simhash来判断网页是否已搜集。

❑ 老师可以使用Simhash来判断学生的论文是否是从网上抄的。

❑ Scribd允许用户上传文档或图书，以便与人分享，但不希望用户上传有版权的内容！这个网站可使用Simhash来检查上传的内容是否与小说《哈利·波特》类似，如果类似，就自动拒绝。

需要检查两项内容的相似程度时，Simhash很有用。

11.9　Diffie-Hellman 密钥交换

这里有必要提一提Diffie-Hellman算法，它以优雅的方式解决了一个古老的问题：如何对消息进行加密，以便只有收件人才能看懂呢？

最简单的方式是设计一种加密算法，如将a转换为1，b转换为2，以此类推。这样，如果我给你发送消息"4,15,7"，你就可将其转换为"d,o,g"。但我们必须就加密算法达成一致，这种方式才可行。我们不能通过电子邮件来协商，因为可能有人拦截电子邮件，获悉加密算法，进而破译消息。即便通过会面来协商，这种加密算法也可能被猜出来——它并不复杂。因此，我们每天都得修改加密算法，但这样我们每天都得会面！

即便我们能够每天修改，像这样简单的加密算法也很容易使用蛮力攻击破解。假设我看到消息"9,6,13,13,16 24,16,19,13,5"，如果使用加密算法a = 1、b = 2等，转换结果将如下。

结果是一堆乱码。我们来尝试加密算法a = 2、b = 3等。

结果对了！像这样的简单加密算法很容易破解。在二战期间，德国人使用的加密算法比这复杂得多，但还是被破解了。Diffie-Hellman算法解决了如下两个问题。

11

❑ 双方无需知道加密算法。他们不必会面协商要使用的加密算法。

❑ 要破解加密的消息比登天还难。

Diffie-Hellman使用两个密钥：公钥和私钥。顾名思义，公钥就是公开的，可将其发布到网站上，通过电子邮件发送给朋友，或使用其他任何方式来发布。你不必将它藏着掖着。有人要向你发送消息时，他使用公钥对其进行加密。加密后的消息只有使用私钥才能解密。只要只有你知道私钥，就只有你才能解密消息！

Diffie-Hellman算法及其替代者RSA依然被广泛使用。如果你对加密感兴趣，先着手研究Diffie-Hellman算法是不错的选择：它既优雅又不难理解。

11.10   线性规划

最好的东西留到最后介绍。线性规划是我知道的最酷的算法之一。

线性规划用于在给定约束条件下最大限度地改善指定的指标。例如，假设你所在的公司生产两种产品：衬衫和手提袋。衬衫每件利润2美元，需要消耗1米布料和5粒扣子；手提袋每个利润3美元，需要消耗2米布料和2粒扣子。你有11米布料和20粒扣子，为最大限度地提高利润，该生产多少件衬衫、多少个手提袋呢？

在这个例子中，目标是利润最大化，而约束条件是拥有的原材料数量。

再举一个例子。你是个政客，要尽可能多地获得支持票。你经过研究发现，平均而言，对于每张支持票，在旧金山需要付出1小时的劳动（宣传、研究等）和2美元的开销，而在芝加哥需要付出1.5小时的劳动和1美元的开销。在旧金山和芝加哥，你至少需要分别获得500和300张支持票。你有50天的时间，总预算为1500美元。请问你最多可从这两个地方获得多少支持票？

这里的目标是支持票数最大化，而约束条件是时间和预算。

你可能在想，本书花了很大的篇幅讨论最优化，这与线性规划有何关系？所有的图算法都可使用线性规划来实现。线性规划是一个宽泛得多的框架，图问题只是其中的一个子集。但愿你听到这一点后心潮澎湃！

线性规划使用Simplex算法，这个算法很复杂，因此本书没有介绍。如果你对最优化感兴趣，就研究研究线性规划吧！

11.11   结语

本章简要地介绍了10个算法，唯愿这让你知道还有很多地方等待你去探索。在我看来，最佳的学习方式是找到感兴趣的主题，然后一头扎进去，而本书便为你这样做打下了坚实的基础。

练习答案

第1章

1.1 7步。

1.2 8步。

1.3 $O(\log n)$。

1.4 $O(n)$。

1.5 $O(n)$。

1.6 $O(n)$。你可能认为，我只对26个字母中的一个这样做，因此运行时间应为$O(n / 26)$。需要牢记的一条简单规则是，大O表示法不考虑乘以、除以、加上或减去的数字。下面这些都不是正确的大O运行时间：$O(n + 26)$、$O(n - 26)$、$O(n * 26)$、$O(n / 26)$，它们都应表示为$O(n)$！为什么呢？如果你好奇，请翻到4.3节，并研究大O表示法中的常量（常量就是一个数字，这里的26就是常量）。

第2章

2.1 在这里，你每天都在列表中添加支出项，但每月只读取支出一次。数组的读取速度快，而插入速度慢；链表的读取速度慢，而插入速度快。由于你执行的插入操作比读取操作多，因此使用链表更合适。另外，仅当你要随机访问元素时，链表的读取速度才慢。鉴于你要读取所有的元素，在这种情况下，链表的读取速度也不慢。因此，对这个问题来说，使用链表是不错的解决方案。

2.2 使用链表。经常要执行插入操作（服务员添加点菜单），而这正是链表擅长的。不需要执行（数组擅长的）查找和随机访问操作，因为厨师总是从队列中取出第一个点菜单。

2.3 有序数组。数组让你能够随机访问——立即获取数组中间的元素，而使用链表无法这样做。要获取链表中间的元素，你必须从第一个元素开始，沿链接逐渐找到这个元素。

2.4 数组的插入速度很慢。另外，要使用二分查找算法来查找用户名，数组必须是有序的。假设有一个名为Adit B的用户在Facebook注册，其用户名将插入到数组末尾，因此每次插入用户名后，你都必须对数组进行排序！

2.5 查找时，其速度比数组慢，但比链表快；而插入时，其速度比数组快，但与链表相当。因此，其查找速度比数组慢，但在各方面都不比链表慢。本书后面将介绍另一种混合数据结构——散列表。这个练习应该能让你对如何使用简单数据结构创建复杂的数据结构有大致了解。

Facebook实际使用的是什么呢？很可能是十多个数据库，它们基于众多不同的数据结构：散列表、B树等。数组和链表是这些更复杂的数据结构的基石。

第3章

3.1 下面是一些你可获得的信息。

- ❑ 首先调用了函数greet，并将参数name的值指定为maggie。
- ❑ 接下来，函数greet调用了函数greet2，并将参数name的值指定为maggie。
- ❑ 此时函数greet处于未完成（挂起）状态。
- ❑ 当前的函数调用为函数greet2。
- ❑ 这个函数执行完毕后，函数greet将接着执行。

3.2 栈将不断地增大。每个程序可使用的调用栈空间都有限，程序用完这些空间（终将如此）后，将因栈溢出而终止。

第4章

4.1
```
def sum(list):
  if list == []:
    return 0
  return list[0] + sum(list[1:])
```

4.2
```
def count(list):
  if list == []:
    return 0
  return 1 + count(list[1:])
```

4.3
```
def max(list):
  if len(list) == 2:
    return list[0] if list[0] > list[1] else list[1]
  sub_max = max(list[1:])
  return list[0] if list[0] > sub_max else sub_max
```

4.4　二分查找的基线条件是数组只包含一个元素。如果要查找的值与这个元素相同，就找到了！否则，就说明它不在数组中。

　　在二分查找的递归条件中，你把数组分成两半，将其中一半丢弃，并对另一半执行二分查找。

4.5　$O(n)$。

4.6　$O(n)$。

4.7　$O(1)$。

4.8　$O(n^2)$。

第5章

5.1　一致。

5.2　不一致。

5.3　不一致。

5.4　一致。

5.5　散列函数D可实现均匀分布。

5.6　散列函数B和D可实现均匀分布。

5.7　散列函数C和D可实现均匀分布。

第6章

6.1　最短路径的长度为2。

6.2　最短路径的长度为2。

6.3　A不可行，B可行，C不可行。

6.4　1——起床，2——锻炼，3——洗澡，4——刷牙，5——穿衣服，6——打包午餐，7——吃早餐。

6.5　A是树，B不是树，C是树。C是一棵横着的树。树是图的子集，因此树都是图，但图可能是树，也可能不是。

第7章

7.1　A为8；B为60；C使用狄克斯特拉算法无法找出最短路径，因为存在负权边。

第8章

8.1　一种贪婪策略是，选择可装入卡车剩余空间内的最大箱子，并重复这个过程，直到不能再装入箱子为止。使用这种算法不能得到最优解。

8.2　不断地挑选可在余下的时间内完成的价值最大的活动，直到余下的时间不够完成任何活动为止。使用这种算法不能得到最优解。

8.3　不是。

8.4　是。

8.5　是。

8.6　是。

8.7　是。

8.8　是。

第9章

9.1　要。在这种情况下，你可偷来MP3播放器和iPhone和吉他，总价值为4500美元。

9.2　你应携带水、食物和相机。

9.3

第10章

10.1　可使用归一化（normalization）。你可计算每位用户的平均评分，并据此来调整用户的评分。例如，你可能发现Pinky的平均评分为3星，而Yogi的平均评分为3.5星。因此，你稍微调高Pinky的评分，使其平均评分也为3.5星。这样就能基于同样的标准比较他们的评分了。

10.2　可在使用KNN时给意见领袖的评分更大权重。假设有3个邻居——Joe、Dave和意见领袖Wes Anderson，他们给Caddyshack的评分分别为3星、4星和5星。可不计算这些评分的平均值 $(3 + 4 + 5) / 3 = 4$ 星，而给Wes Anderson的评分更大权重：$(3 + 4 + 5 + 5 + 5) / 5 = 4.4$ 星。

10.3　太少了。如果考虑的邻居太少，结果很可能存在偏差。一个不错的经验规则是：如果有 N 位用户，应考虑 $sqrt(N)$ 个邻居。